LE
RÈGNE VÉGÉTAL

ATLAS ICONOGRAPHIQUES

Paris. — Imprimerie de P.-A. Bourdier et Cie, rue Mazarine, 30.

LE
RÈGNE VÉGÉTAL

DIVISÉ EN

TRAITÉ DE BOTANIQUE GÉNÉRALE, FLORE MÉDICALE ET USUELLE

HORTICULTURE BOTANIQUE ET PRATIQUE

(PLANTES POTAGÈRES, ARBRES FRUITIERS, VÉGÉTAUX D'ORNEMENT)

PLANTES AGRICOLES ET FORESTIÈRES

HISTOIRE BIOGRAPHIQUE ET BIBLIOGRAPHIQUE DE LA BOTANIQUE

PAR MM.

A. DUPUIS
professeur d'histoire naturelle,
ancien professeur de botanique et de sylviculture
à l'Institut agronomique de Grignon,
membre de plusieurs Académies
et Sociétés savantes, etc.

FR. GÉRARD
botaniste - micrographe,
membre de plusieurs Sociétés savantes, l'un des
collaborateurs du Dictionnaire
d'histoire naturelle.

O. REVEIL
docteur en médecine,
pharmacien en chef des hôpitaux,
professeur agrégé à la Faculté de médecine de Paris
et à l'École supérieure de pharmacie,
membre de plusieurs Sociétés savantes, etc.

F. HÉRINCQ
botaniste attaché au Muséum d'histoire naturelle
rédacteur en chef de l'Horticulteur français,
membre de plusieurs Sociétés
savantes, etc.

ET D'APRÈS LES TRAVAUX DES PLUS ÉMINENTS BOTANISTES FRANÇAIS ET ÉTRANGERS

formant (avec l'Histoire de la botanique)

Dix-sept beaux volumes

dont neuf volumes grand in-8° jésus de textes

ET HUIT ATLAS PETIT IN-QUARTO DE PLANCHES GRAVÉES

Les Atlas renfermant (avec des textes descriptifs en regard)

PLUS DE 5000 DESSINS DE PLANTES OU DE DÉTAILS BOTANIQUES

FINEMENT COLORIÉS

PARIS

LIBRAIRIE DES SCIENCES NATURELLES

ET DES ARTS ILLUSTRÉS

Théodore MORGAND, libraire-éditeur

RUE BONAPARTE, 5

—

TRAITÉ

DE

BOTANIQUE GÉNÉRALE

ATLAS ICONOGRAPHIQUE DU TOME DEUXIÈME

Paris. — Imprimerie de P.-A. BOURDIER et Cⁱᵉ, rue des Poitevins, 6.

TRAITÉ

DE

BOTANIQUE

GÉNÉRALE

PAR MM.

F. HÉRINCQ

botaniste attaché au Muséum d'histoire naturelle,
rédacteur en chef de l'Horticulteur français,
membre de plusieurs Sociétés
savantes, etc.

FR. GÉRARD

botaniste - micrographe,
membre de plusieurs Sociétés savantes, l'un des
collaborateurs du Dictionnaire
d'histoire naturelle

O. REVEIL

Docteur en médecine, pharmacien en chef des hôpitaux, professeur agrégé à la Faculté de médecine
et à l'École supérieure de pharmacie de Paris,
membre de plusieurs Sociétés savantes, etc., etc.

(*Pour la Chimie végétale*)

OUVRAGE RÉSUMANT

LES PLUS SAVANTES RECHERCHES ET LES MEILLEURS TRAVAUX SUR LA MATIÈRE

FAITS EN FRANCE, EN ALLEMAGNE, EN ANGLETERRE, EN ITALIE, ETC., ETC.

ATLAS ICONOGRAPHIQUE DU TOME DEUXIÈME

PARIS

LIBRAIRIE DES SCIENCES NATURELLES

ET DES ARTS ILLUSTRÉS

Théodore MORGAND, libraire-éditeur

RUE BONAPARTE, 5

1866

DU PERFECTIONNEMENT SUCCESSIF
DE LA FLEUR.

1. — FLEUR MALE (grossie 5 fois) d'un CAREX (*Cypéracée*), composée d'une écaille et de trois étamines.

2. — ÉPILLET UNIFLORE (grossi 6 fois) D'UN AGROSTIS (*Graminée*), composé de 2 glumes, 2 glumelles, 3 étamines, 1 ovaire surmonté de 2 styles.

3. — FLEUR (grossie 5 fois) DU LUZULA CAMPESTRIS (*Joncée*), composée d'un périanthe simple à 6 folioles écailleuses, de 6 étamines, d'un ovaire surmonté d'un style divisé en 3 stigmates filiformes.

4. — FLEUR DU MUGUET (*Smilacée*), composée d'un périanthe coloré monophylle, à 6 lobes, 6 étamines, un ovaire surmonté d'un style.

5. — FLEUR (grandeur naturelle) DU PERCE-NEIGE (*Amaryllidée*), composée d'un périanthe double coloré; l'extérieur à 3 folioles entières; l'intérieur à 3 folioles échancrées en cœur et de moitié moins longues que les folioles extérieures.

6. — FLEUR (grandeur naturelle) D'UNE JACINTHE (*Liliacée*), composée d'un périanthe coloré campanulé à 6 lobes, 6 étamines, 1 ovaire.

7. — FLEUR (grandeur naturelle) D'UN BILLBERGIA (*Broméliacée*), composée d'un périanthe double coloré, l'extérieur ou calice très-petit à 3 sépales; l'intérieur ou corolle à 3 pétales beaucoup plus longs que les sépales, 6 étamines, 1 ovaire surmonté d'un style et de 3 stigmates.

8. — FLEUR MALE (grossie 5 fois) D'UN PIN (*Conifère*), composée d'une anthère à 4 loges, et dont le connectif est développé supérieurement en une sorte d'écaille.

9. — DEUX FLEURS MALES (grossies 5 fois) D'UN SAULE (*Salicinée*), composées chacune d'une écaille et de 2 étamines

10. — FLEUR FEMELLE (grossie 5 fois) D'UN SAULE, composée d'une écaille et d'un ovaire surmonté de 2 styles

11. — FLEUR MALE (grossie 5 fois) DE LA MERCURIALE (*Euphorbiacée*), composée d'un calice à 3 sépales et de plusieurs étamines.

12. — FLEUR (grandeur naturelle) DU NICOTIANA RUSTICA (*Solanée*), composée d'un calice monosépale à 5 dents, d'une corolle monopétale à tube cylindrique.

13. — FLEUR (grossie 5 fois) DE L'ERICA CINEREA (*Éricinée*), composée d'un calice à 4 sépales étroits et accompagné de 2 bractées, d'une corolle monopétale à tube renflé.

14. — FLEUR (grandeur naturelle) DU LISERON DES HAIES (*Convolvulacée*), composée d'un calice à 5 sépales, d'une corolle monopétale infundibuliforme ou en entonnoir à bord entier.

15. — FLEUR (grandeur naturelle) D'UNE POTENTILLE (*Rosacée*), composée d'un calice à 5 sépales, d'une corolle à 5 pétales distincts d'étamines et de pistils nombreux.

(Voir vol. II, pages 5 et suivantes.)

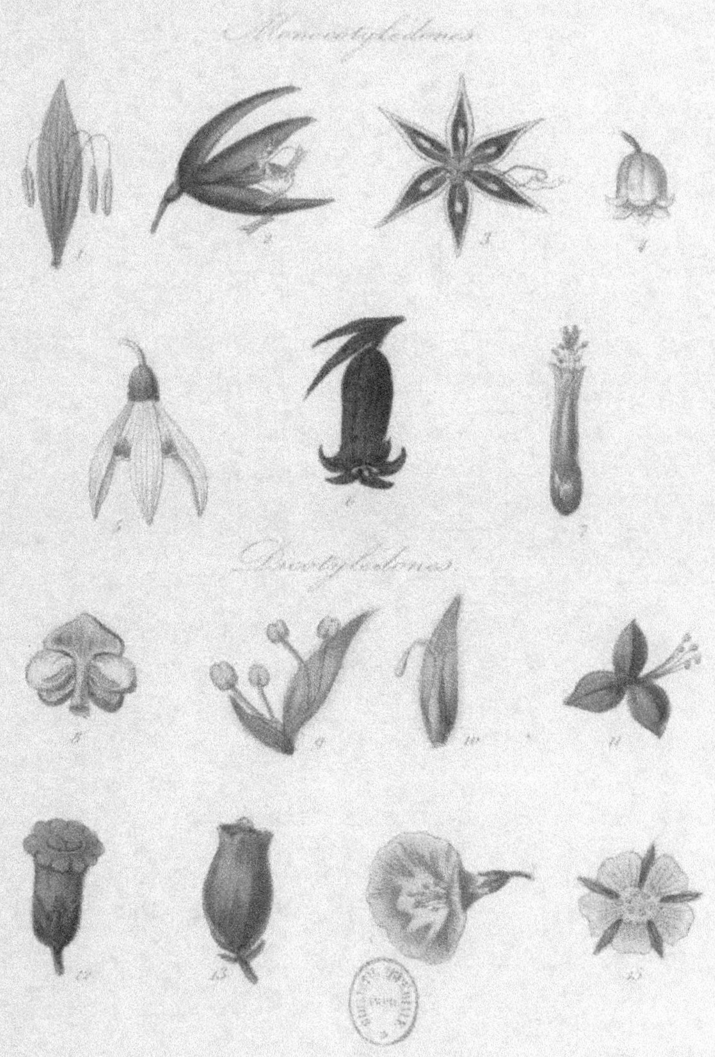
Monocotyledones
Dicotyledones
Du perfectionnement successif des fleurs

DIAGRAMMES DE DIFFÉRENTES FLEURS.

Le diagramme est la coupe transversale d'une fleur avant son épanouissement ; il montre la position relative des différents organes floraux. Dans les diagrammes des planches II et III, les lignes courbes extérieures indiquent les sépales ou divisions du calice ; les lignes plus intérieures désignent les pétales ou divisions de la corolle, les petites figures généralement réniformes ou dentées placées en dedans des lignes des pétales, représentent les étamines ; enfin le petit dessin du centre montre la structure de l'ovaire, c'est-à-dire le nombre des carpelles ou des loges.

MONOCOTYLÉDONES.

1. — ÉPILLET D'AVOINE CULTIVÉE (*Avena sativa*), famille des Graminées. Les deux lignes extérieures représentent ici, exceptionnellement, les 2 glumes de l'épillet ; au-dessus de la glume inférieure est la fleur fertile, composée de 2 glumelles, 2 glumellules, 3 étamines, 1 ovaire avec 2 styles. Entre cette fleur et la glume ou ligne supérieure, sont indiquées 2 fleurs stériles ; *page 349.*

2. — LILÆA SUBULATA, famille des Alismacées ; *page 364.*

3. — BUTOMUS UMBELLATUS, famille des Butomées ; *page 364.*

4. — SCILLA AUTUMNALIS, famille des Liliacées ; *page 353.*

5. — IRIS GERMANICA, famille des Iridées ; *page 357.*

6. — GALANTHUS NIVALIS, famille des Amaryllidées ; *page 356.*

7. — ORCHIS MILITARIS, famille des Orchidées ; *page 358.*

8. — CANNA INDICA, famille des Balisiers ; *page 361.*

9. — MUSA PARADISIACA, famille des Musacées ; *page 358.*

10. — CYPÉRACÉES ; la figure inférieure est un Cyperus, la supérieure un Carex ; *page 348.*

11. — ARECA CATECHU, famille des Palmiers. La fleur est unisexuée dans ce genre ; mais on a représenté les deux sexes, étamines et pistils, dans le même diagramme, pour montrer la position qu'occuperaient ces deux organes, au cas où ils se trouveraient réunis dans la même fleur ; *page 365.*

DICOTYLÉDONES.

1. — CHENOPODIUM ALBUM, famille des Chénopodées ; *page 376.*

2. — RUMEX ACETOSA, famille des Polygonées ; *page 375.*

3. — MIRABILIS JALAPA, famille des Nyctaginées ; *pages 376, 377.*

4. — LAURUS CINNAMOMUM, famille des Laurinées ; *page 379.*

5. — ARISTOLOCHIA CLEMATITIS, famille des Aristolochiées ; *page 377.*

6. — SENECIO VULGARIS, famille des Composées ; *pages 391, 392.*

7. — CAMPANULA RAPUNCULUS, famille des Campanulacées, *pages 390, 391.*

8. — GALIUM MOLLUGO, famille des Rubiacées, *pages 392, 393.*

9. — ASCLEPIAS NIVEA, famille des Asclépiadées ; *page 384.*

Monocotylédones

Dicotylédones

Diagrammes.

DIAGRAMMES DE DIFFÉRENTES FLEURS.

DICOTYLÉDONES (suite).

Dicotylédones

Diagrammes

DES CALICES.

1 — Calice polysépale ; *Ranunculus monspeliacus*.
2. — Calice monosépale à divisions appendiculées ; *Rosa centifolium*.
3. — Calice monosépale vésiculeux ; *Silene inflata*.
4. — Calice monosépale à 5 dents, dont la dent inférieure très-longue sétiforme ; *Trifolium rubens*.
5. — Calice monosépale anguleux à 10 dents inégales ; *Marrubium album*.
6. — Calice monosépale tronqué ; *Gossypium herbaceum*.
7. — Calice éperonné de la Capucine ; *Tropæolum majus*.
8. — Calice bipartite ; *Bignonia catalpa*.
9. — Calice monosépale quinquefide ; *Silene conica*.
10. — Calice monosépale appendiculé ; *Scutellaria galericulata*.
11. — Calice monosépale quinquedenté ; *Silene italica*.
12. — Calice monosépale quinquepartite ; *Phlox fruticosa*.
13. — Calice monosépale à 5 dents inégales, les 2 inférieures plus longues ; *Nepeta cataria*.
14. — Calice à tube fendu étalé ; *Majolana hortensis*.
15. — Calice monosépale caliculé ; *Hibiscus trionum*.
16. — Calice monosépale unilabié ; *Origanum sipyleoides*.
17. — Calice à sépales membraneux ciliés au sommet ; *Catananche cærulea*.
18. — Calice en aigrette à poils plumeux ; *Carduus monspessulanus*.
19. — Calice en aigrette à poils simples ; *Eupatorium avicennæ*.
20. — Calice à 3 dents aristées ; *Bidens bipinnata*.
21. — Calice en aigrette plumeuse ; *Centranthus ruber*.
22. — Ovaire de Centranthus, dont l'aigrette n'est pas encore développée.

(Voir page 29.)

FORME DES COROLLES.

1. — Corolle rotacée ; *Anagallis arvensis*.
2. — Corolle campanulée ; *Campanula persicæfolia*.
3. — Corolle hypocratériforme ; *Primula veris*.
4. — Corolle calathiforme ; *Myosotis arvensis*.
5. — Périanthe corolloïde tubuleux ; *Polygonatum multiflorum*.
6. — Corolle urcéolée ; *Arbutus unedo*.
7. — Corolle bilabiée ; *Galeopsis tetrahit*.
8. — Corolle personnée ; *Antirrhinum majus*.
9. — Corolle irrégulière anomale ; *Orchis*.
10. — Corolle cruciforme ; *Cardamine pratensis*.
11. — Corolle rosacée ; *Rosa arvensis*.
12. — Corolle caryophyllée ; *Saponaria officinalis*.
13. — Corolle papilionacée ; *Colutea arborescens*.
14. — Corolle à pétales éperonnés ; *Delphinium ajacis*.
15. — Capitule flosculeux, ou composé de fleurs toutes tubuleuses ; *Centaurea scabiosa*.
16. — Capitule semi-flosculeux, ou composé de fleurs toutes ligulées ; *Barkausia rosea*.
17. — Capitule radié, ou composé de fleurs ligulées à la circonférence, et de fleurs tubuleuses au centre; *Bellis perennis*.

(Voir page 36.)

Corolle
Formes des

ANATOMIE DES COROLLES ET DES CALICES.

1. — Coupe transversale d'un bord de pétale, vue au microscope, montrant sa texture cellulaire.

2. — Coupe transversale d'un pétale, vue au microscope, dans laquelle on voit la formation de 2 faisceaux vasculaires.

3. — Coupe transversale d'un pétale, vue au microscope, dans laquelle on voit la formation de 2 faisceaux vasculaires.

4. — Coupe transversale d'un pétale, dans laquelle on voit quelques cellules épidermiques se prolongeant en poils.

5. — Coupe longitudinale d'un pétale, montrant un faisceau de trachées.

6. — Tissu cellulaire allongé.

7. — Coupe longitudinale d'une portion de corolle monopétale, montrant la disposition des trachées.

8. — Coupe longitudinale d'une portion de calice monosépale, montrant la disposition des trachées.

9. — Portion d'épiderme d'un calice sur laquelle on voit des stomates.

10. — Coupe longitudinale de tissu sous-épidermique, montrant un faisceau vasculaire entouré de cellules allongées et qui constituent la nervure des sépales.

11. — Coupe transversale du sommet d'un pédicelle dans laquelle on voit les faisceaux vasculaires qui se prolongent dans les nervures des sépales.

12. — Autre coupe montrant la même disposition des faisceaux vasculaires.

(Voir pages 34 et 43.)

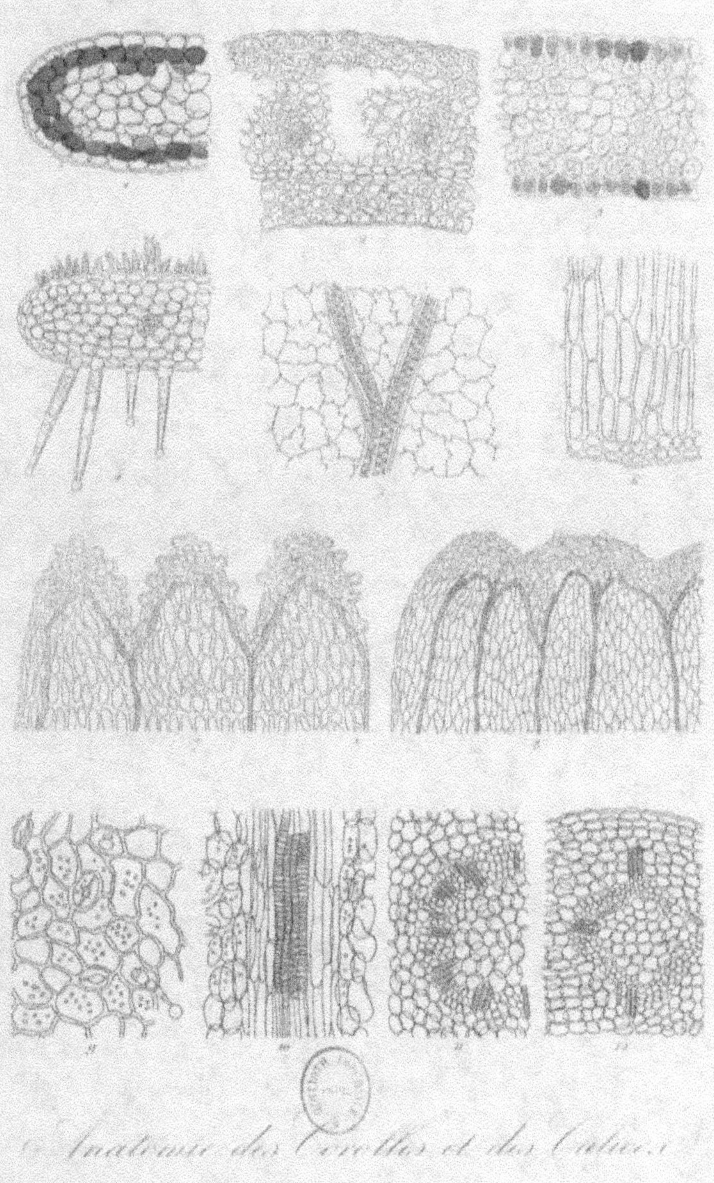

Anatomie des Corolles et des Calices.

COLORATION DE LA COROLLE.

1. — Portion de tissu cellulaire allongé, très-grossie, et dont les
cellules extérieures sont remplies de liquide de couleur plus
ou moins intense ; dans les cellules plus intérieures, le liquide
est incolore, les granules seuls sont colorés.

2. — Portion de tissu cellulaire très-grossie, à cellules polyédriques,
remplies de liquide et granules colorants, et dont l'intensité
décroît de l'extérieur à l'intérieur.

3. — Portion de tissu cellulaire très-grossie, à cellules allongées
remplies de liquide et granules colorants ; même explication
que figure 1.

4. — Même tissu que le précédent, rempli de liquide et granules colorants.

5. — Portion de tissu cellulaire à cellules polyédriques, remplies de
liquide et granules colorants.

6. — Même tissu que le précédent, rempli de liquide et granules.

(Voir page 43.)

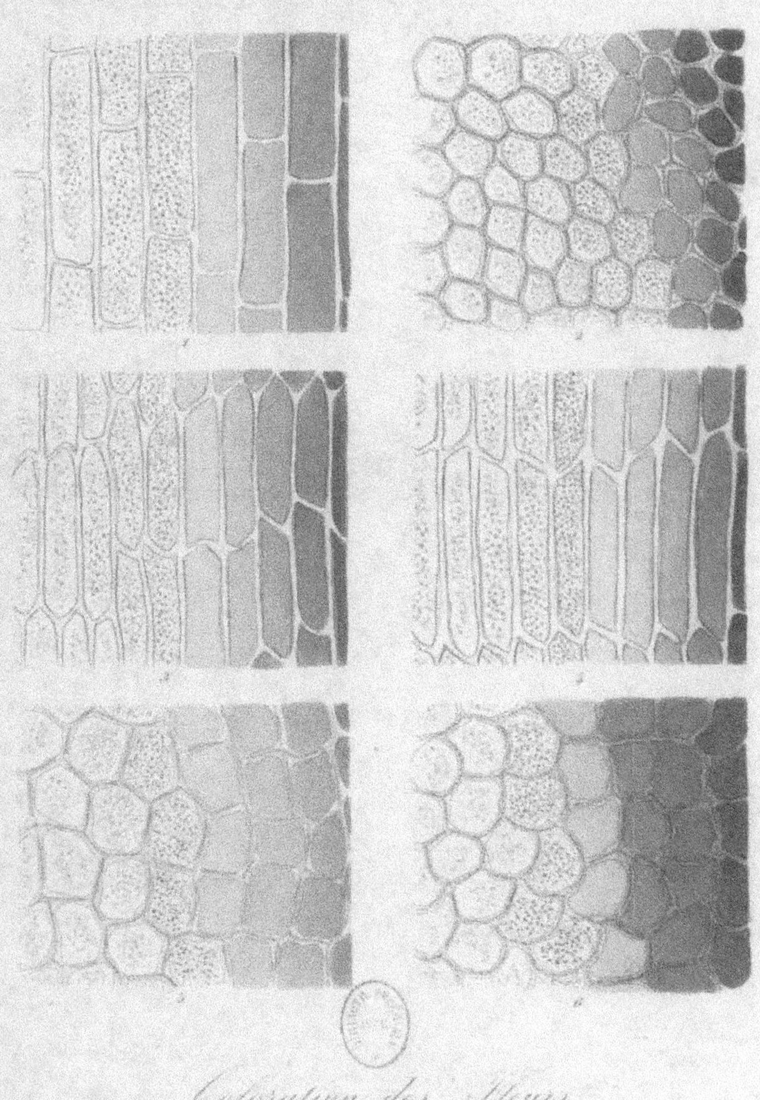

Coloration des Fleurs.

NECTAIRES.

1. — FLEUR (grossie) DE L'ASCLEPIAS CORNUTI, présentant 5 nectaires en forme de cornet.

2. — PÉTALE (grossi) DE L'ÉPINE-VINETTE, pourvu à sa base de 2 glandes.

3. — FLEUR (grossie) DE SEDUM REFLEXUM, offrant une écaille à la base de chaque ovaire.

4. — FLEUR DE KALMIA LATIFOLIA, ayant 5 petites fossettes.

5. — FLEUR DE CORYANTHES EXIMIA, ayant, comme toutes les orchidées, un caudicule glanduleux.

6. — FLEUR (grossie) DU LIERRE, pourvue d'un disque qui couronne l'ovaire.

7. — PÉTALE DE FRITILLARIA IMPERIALIS, muni d'une glande à sa base.

8. — PÉTALE TUBULEUX DE TROLLIUS OEUROPEUS, considéré comme un nectaire.

9. — PISTIL D'UN EPACRIS, dont l'ovaire porte plusieurs glandes.

10. — FLEUR DE L'EPACRIS.

11. — PÉTALE DE L'IRIS GERMANICA, hérissé sur sa partie médiane de nombreux poils nectarifères.

(Voir page 45.)

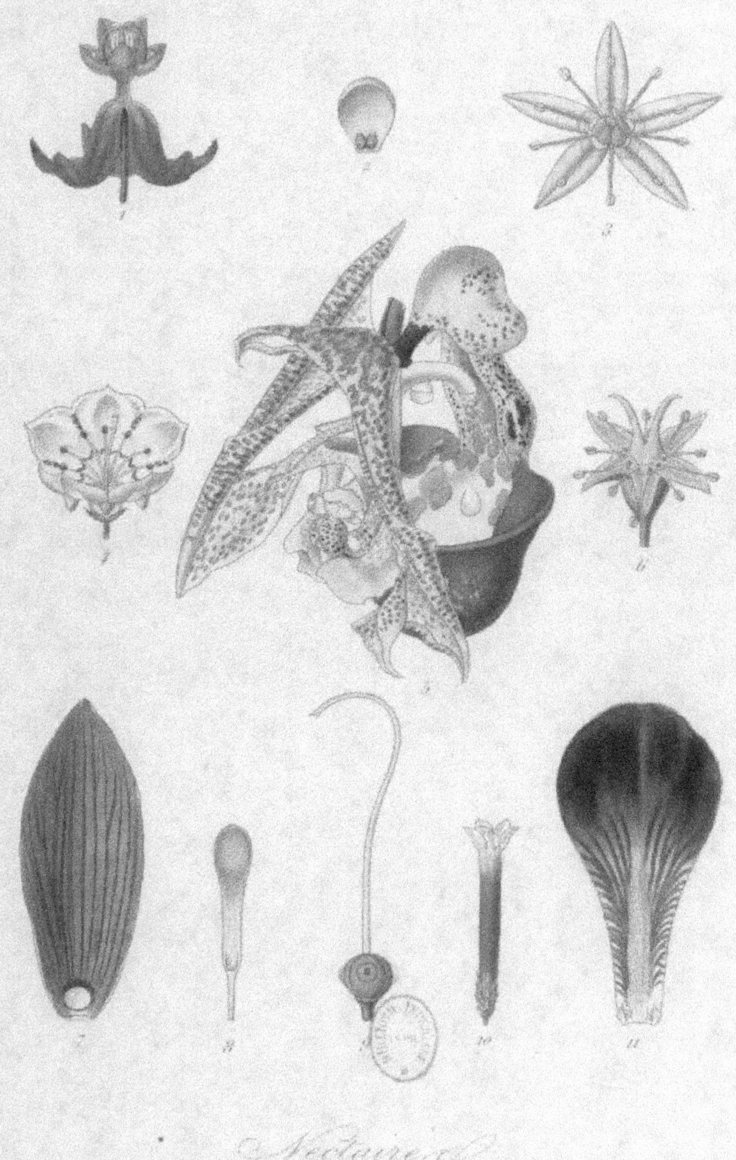

Maubert pinxit. — Imp.rie de Langlumé & C.ᵉ rue Jacob, 23. — Lebrun sculp.

DES ÉTAMINES.

1. — Étamine de BOURRACHE, portée sur la face interne d'un appendice prolongé en corne.
2. — Étamine de ZYGOPHYLLUM FABAGO, portée sur la face externe d'un appendice écailleux.
3. — Anthère bifide aux 2 extrémités du POA COMPRESSA.
4. — Anthère à loges linéaires vermiformes de L'ACALYPHA ALOPECUROIDES.
5. — Anthère ovale basifixe, à loges parallèles, de L'AMANDIER.
6. — Étamine à anthère ovale et à filet dilaté du BEGONIA MANICATA.
7. — Anthère à lobes globuleux apicifixes de la MERCURIALE.
8. — Anthère de BYRSONIMA BICORNICULATA, dont les loges se détachent du connectif sous forme de deux cornes.
9. — Étamine de PTERANDRA PYROIDEA.
10. — Anthère uniloculaire de la GUIMAUVE.
11. — Étamine à balancier de SAUGE; le connectif très-long porte à son extrémité inférieure une loge stérile, et à son extrémité supérieure une loge fertile.
12. — Étamine à anthère vermiforme de la BRYONE.
13. — Anthère d'orchidée avant la déhiscence.
14. — Anthère uniloculaire médiifixe de STYPHELIA LÆTA.
15. — Étamine à anthère basifixe de la GIROFLÉE.
16. — Étamine à connectif prolongé en une longue arête plumeuse du NERIUM OLEANDER, ou LAURIER-ROSE.
17. — Étamine du TETRATHECA JUNCEA à anthère dressée, s'ouvrant par deux pores au sommet.
18. — Étamine du PYROLA ROTUNDIFOLIA à anthère pendante, s'ouvrant par deux pores au sommet.
19. — Étamine de VACCINIUM ULIGINOSUM à anthère munie de deux cornes et se prolongeant en deux tubes ouverts au sommet.
20. — Étamine de LAURUS PERSEA à anthère composée de quatre loges superposées et s'ouvrant chacune par une valvule, et à filet muni de deux glandes à sa base.
21. — Anthère de GAULTHERIA PROCUMBENS à loges effilées en deux lames bifides au sommet.
22. — Anthère d'ERICA CINEREA à loges prolongées inférieurement en deux appendices aplatis.

(Voir page 50.)

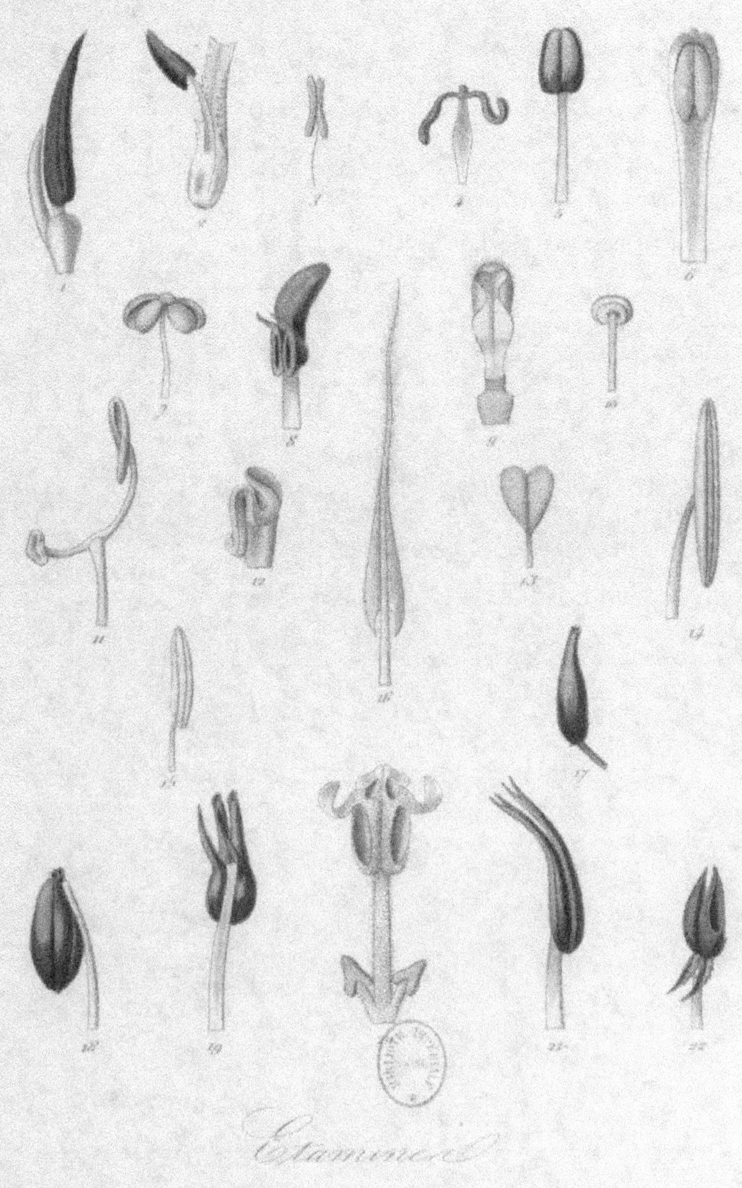

Etamines.

POLLEN

(GROSSISSEMENT DE PLUS DE 1000 FOIS).

1. — Grain de pollen operculé de CUCURBITA PEPO, avant la déhiscence.

1 *a*. — Le même, au moment où les opercules se détachent du reste de la membrane externe, pour donner passage à la membrane interne sous forme de tubes; un de ses tubes se déchire et laisse échapper la fovilla.

2 et 3. — Grains de pollen du CONVOLVULUS TRICOLOR, dans deux états différents.

2 *a* et 3 *a*. — Coupe transversale des précédents.

4 et 5. — Développement du pollen dans le GUI (*Viscum album*).

4. — Utricules polliniques, ou état rudimentaire du grain de pollen.

5. — Utricule pollinique rempli par une masse granuleuse.

5 *a*. — Utricule pollinique dans lequel la masse granuleuse s'est agglutinée en quatre noyaux.

5 *b*. — Séparation de l'utricule en quatre masses, chacune correspondant à un noyau ou à un nouvel utricule.

— Utricule pollinique où les nouveaux utricules intérieurs sont séparés.

5 *d*. — Un des utricules précédents, ou jeune grain de pollen isolé de l'utricule mère.

5 *e* — Grain de pollen à l'état parfait, grossi 300 à 400 fois.

(Voir pages 53 et 57.)

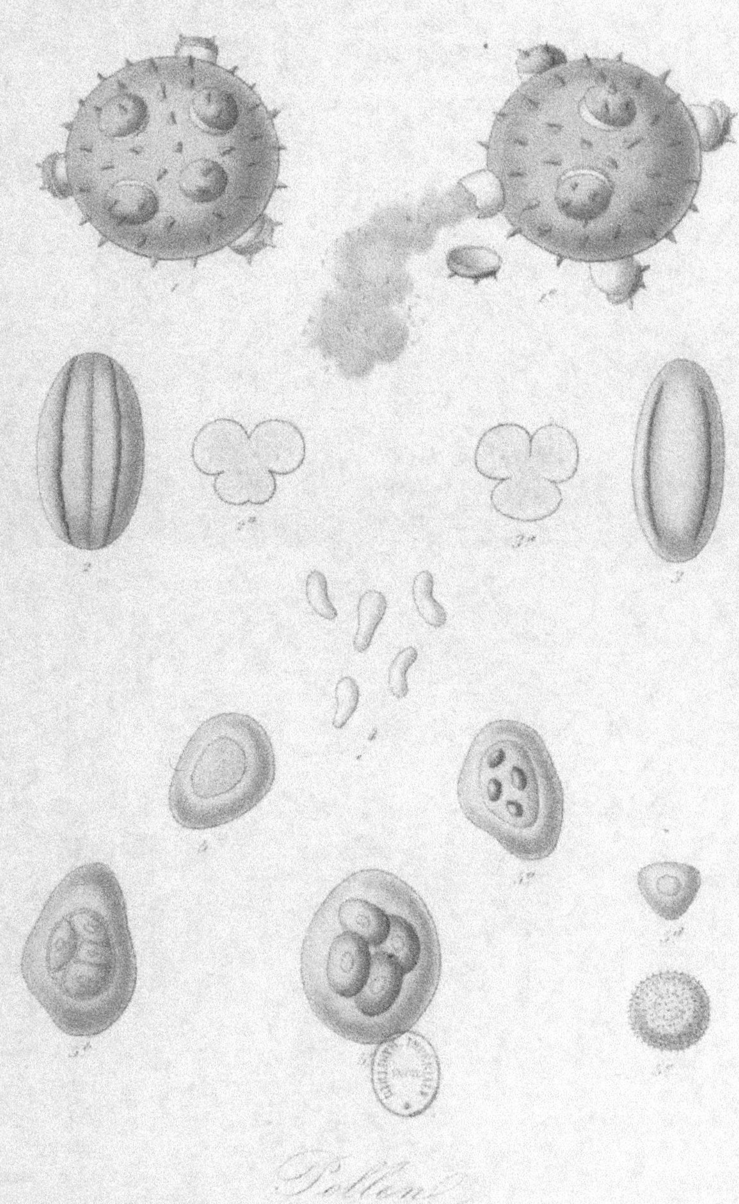

Pollen

DE LA FORME DES GRAINS DE POLLEN.

D'après le travail de Julius Fritzsche, publié dans les Mémoires de l'Académie impériale des sciences de Saint-Pétersbourg. (Grossissement de 1000 fois).

---

6. — Anthéridie de CHARA TOMENTOSA dans son parfait développement.

7. — Portion supérieure d'une anthéridie de CHARA SYNCARPA.

7 *a*. — Base sur laquelle reposent 8 corps aplatis, garnis de nombreux tubes cloisonnés renfermant les anthérozoïdes.

7 *b*. — Anthéridie de CHARA SYNCARPA dépouillée de son enveloppe, montrant la *base* sur laquelle reposent les 8 corps entourés de tubes anthérozoïdifères.

8. — Tube cloisonné anthérozoïdifère très-jeune, coloré par l'iode.

8 *a*. — Une portion de tube, également colorée par l'iode.

8 *b*. — Une portion de tube renfermant des anthérozoïdes bien constitués, et dont plusieurs sont déjà sortis.

8 *c*. — Contenu d'une loge d'une anthéridie de ZOSTERA MARINA.

8 *d*. — Portion d'un tube anthérozoïdifère de ZOSTERA MARINA très-grossi, renflé vers son extrémité et rempli d'une matière granuleuse.

8 *e*. — Portion d'un tube d'anthérozoïde de ZOSTERA presque vide, et où la plupart des granules sont remplacés par un liquide incolore.

— Portion d'un de ces tubes avec ramifications.

(Voir page 53.)

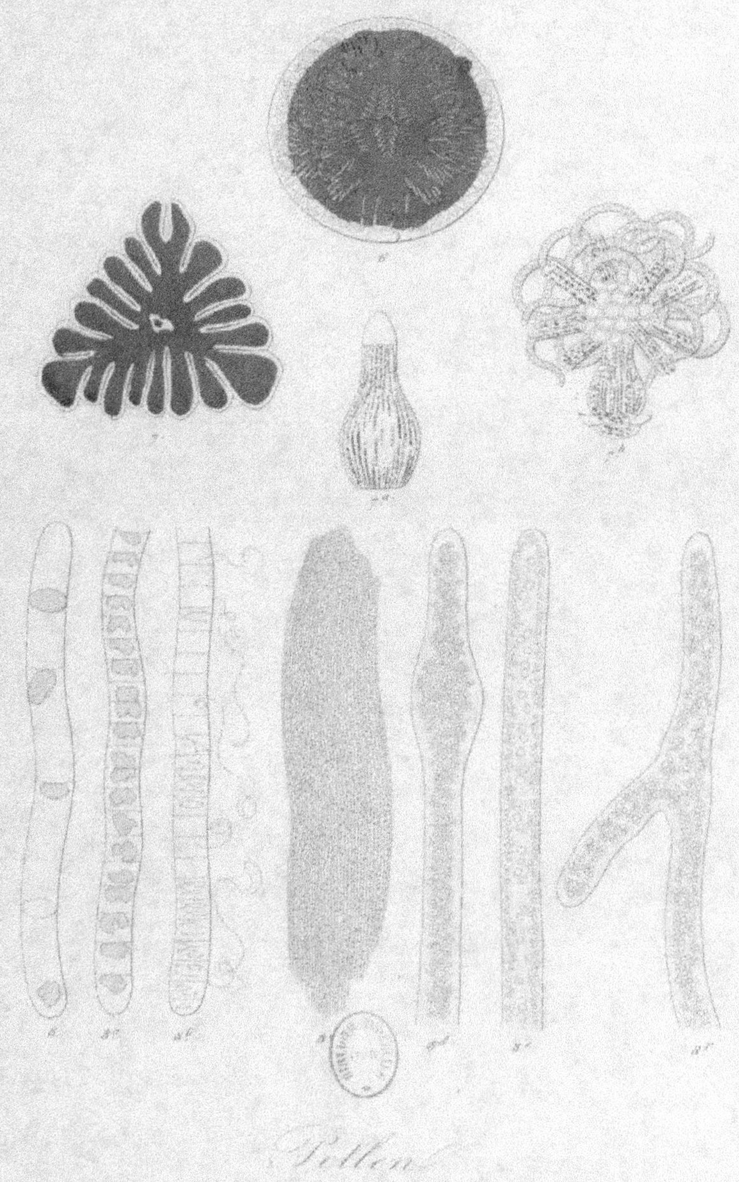

Pollen.

DE LA FORME DES GRAINS DE POLLEN

(SUITE).

---

9. — Un grain de pollen de NAJAS MAJOR traité par l'iode; les granules amylacés se sont teintés en bleu et le noyau a pris une teinte brune.

10. — Un grain de pollen de JUNIPERUS VIRGINIANA, traité par l'iode.

11. — Deux grains de pollen du PINUS SYLVESTRIS, observés dans l'huile de citron, sur deux faces différentes.

12. — Un grain de pollen de THUNBERGIA FRAGRANS.

13. — Un grain de pollen de PASSIFLORA INCARNATA.

14. — Un grain de pollen de SOLANUM DECURRENS, observé dans l'huile de citron et vu de côté.

15. — Un grain de pollen de RUELLIA ANISOPHYLLA, observé à sec et vu de côté.

(Voir page 53.)

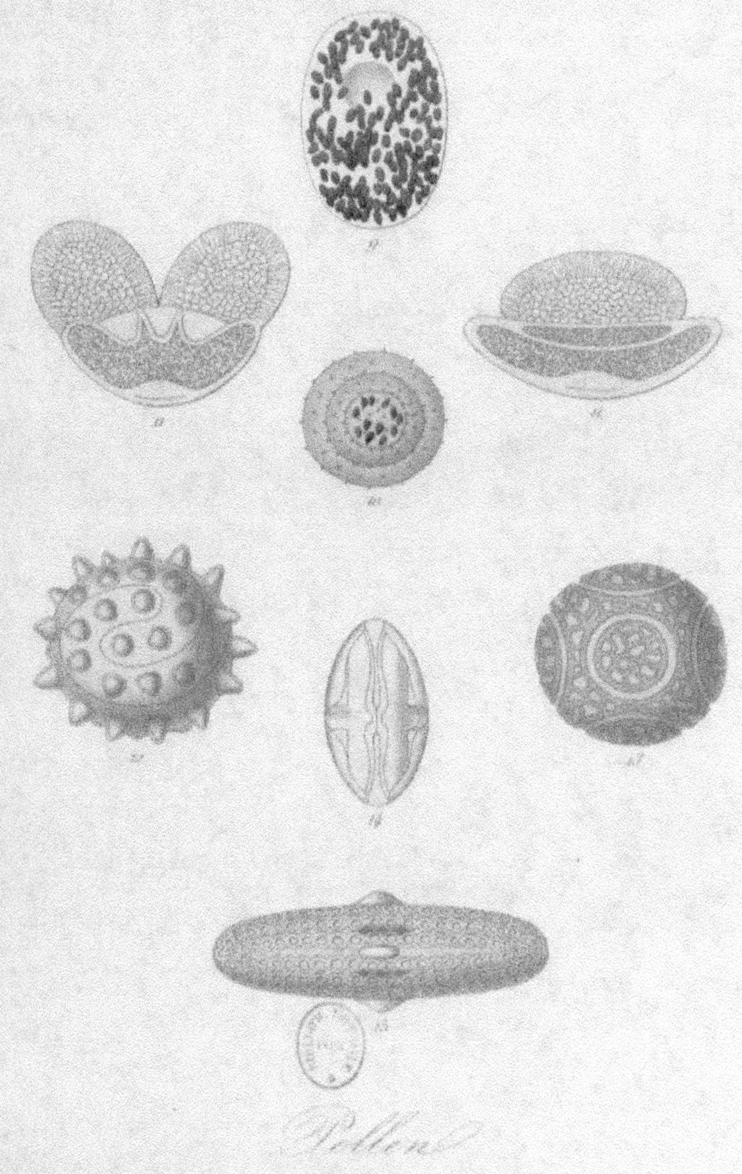

Pollen

DE LA FORME DES GRAINS DE POLLEN

(SUITE).

16. — Un grain de pollen de TILIA PARVIFLORA, observé à sec.

17. — Un grain de pollen du GOMPHRENA GLOBOSA, observé à sec.

18. — Un grain de pollen du BASELLA ALBA, observé dans l'huile de citron.

19. — Un grain de pollen du SCABIOSA ELEGANS, observé dans l'huile de citron.

20. — Un grain de pollen de COLLOMIA GRANDIFLORA, observé à sec et vu dans sa partie la plus large.

21. — Un grain de pollen de GERANIUM SYLVATICUM, soumis à l'iode; trois tubes commencent à faire hernie par les ouvertures de l'exhimenine ou membrane extérieure ; sous l'action de l'iode, la membrane de ces tubes a pris une teinte brune et le contenu s'est teint en bleu.

22. — Un grain de pollen de BELOPERONE OBLONGATA, observé à sec et vu par la face la plus large.

22 a. — Le même après avoir été traité par l'acide sulfurique.

(Voir page 53.)

Pollen.

DE LA FORME DES GRAINS DE POLLEN

(SUITE).

23. — Un grain de pollen de PELARGONIUM, observé à sec et vu de côté.

24. — Un grain de l'ARMERIA VULGARIS, après avoir été traité par l'acide sulfurique et vu de face.

25. — Un grain de pollen du SIDA ABUTILON, observé à sec.

26. — Un grain de pollen de l'ALTHEA ROSEA, après avoir été traité par l'acide sulfurique concentré

27. — Un grain de pollen de CHRYSANTHEMUM CARINATUM, après avoir été traité par l'acide sulfurique concentré.

(Voir page 53.)

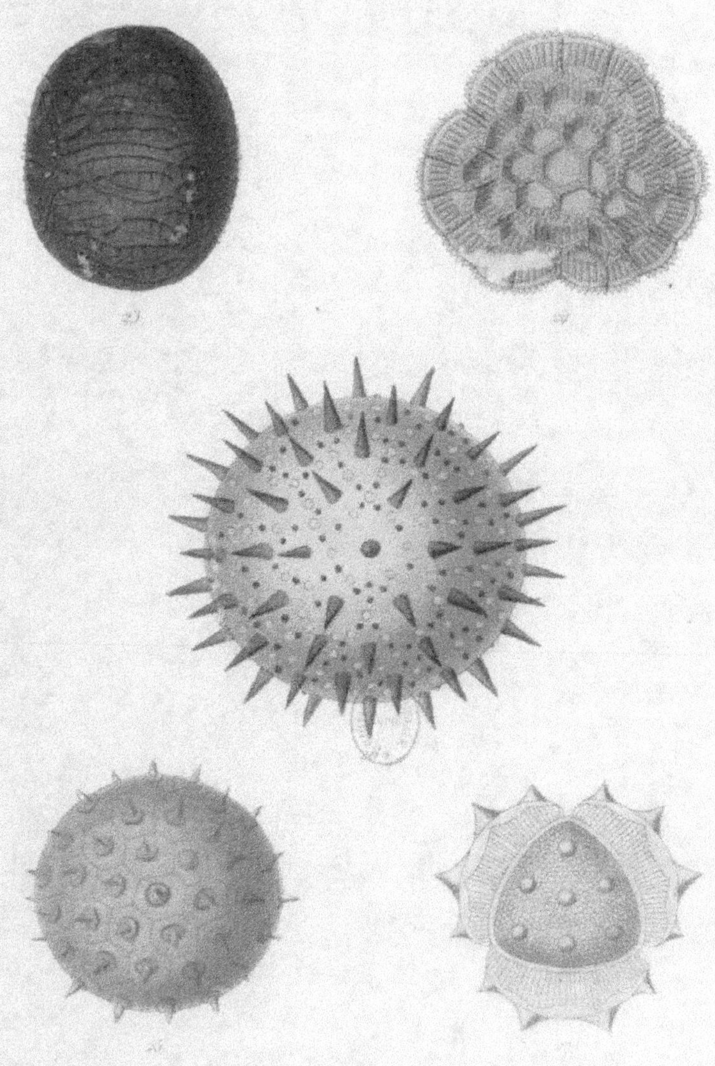

Pollens.

DE LA FORME DES GRAINS DE POLLEN

(SUITE).

———

28.   — Un grain de pollen de SCORZONERA PRATENSIS, après avoir
        été traité par l'acide sulfurique concentré.

28 a.   — Un grain de pollen de TRAGOPOGON, après avoir été traité
        par l'acide sulfurique concentré et observé de côté.

29.   — Un grain de pollen de COBOEA SCANDENS, observé dans l'huile
        de citron.

30.   — Un grain de pollen d'OENOTHERA MOLLIS, observé dans l'eau
        et en partie vide.

31.   — Un grain de pollen de CLARKIA ELEGANS, observé dans l'eau
        et en partie vide.

(Voir page 53.)

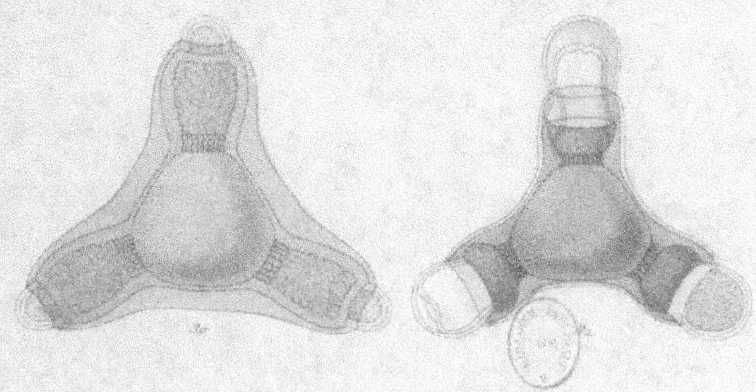

Pollen

Richard pinx.   Paris, Impr. de Langlois et C.ie Jacquin, 12.   Lebrun sculp.

THÉORIE DU CARPELLE ET PLACENTATION.

1. — Feuille étalée.
2. — Feuille à demi repliée longitudinalement.
3. — Feuille repliée longitudinalement, et dont les bords sont soudés, formant ainsi un carpelle.
4. — Trois carpelles rapprochés, sans adhérence entre eux.
5. — Trois carpelles soudés entr'eux par la partie inférieure ou ovarienne; les styles sont restés distincts.
6. — Trois feuilles carpellaires entièrement soudées dans toute leur longueur, et formant un pistil à ovaire triloculaire, ou à trois loges.
7. — Coupe transversale de la figure 4, montrant la placentation suturale de chaque carpelle.
8. — Coupe transversale de la figure 5, montrant les trois loges et la placentation axile.
9. — Coupe transversale d'un ovaire, provenant d'un pistil composé de trois feuilles carpellaires soudées entr'elles par leurs bords et non préalablement repliées longitudinalement; il en est résulté un pistil à ovaire uniloculaire, à placentation pariétale, comme dans la violette.
10. — Coupe transversale d'un ovaire uniloculaire de RÉSÉDA, ayant trois placentas pariétaux.
11. — Coupe transversale d'un ovaire de FUCHSIA COCCINEA, ayant 4 loges à placentation axile.
12. — Coupe transversale d'un ovaire uniloculaire à placentation centrale de CERASTIUM HIRSUTUM.
13. — Portion inférieure de l'ovaire du CERASTIUM HIRSUTUM.
14. — Coupe longitudinale de l'ovaire du CERASTIUM HIRSUTUM, au centre le placenta partant des ovules.

(Voir page 64.)

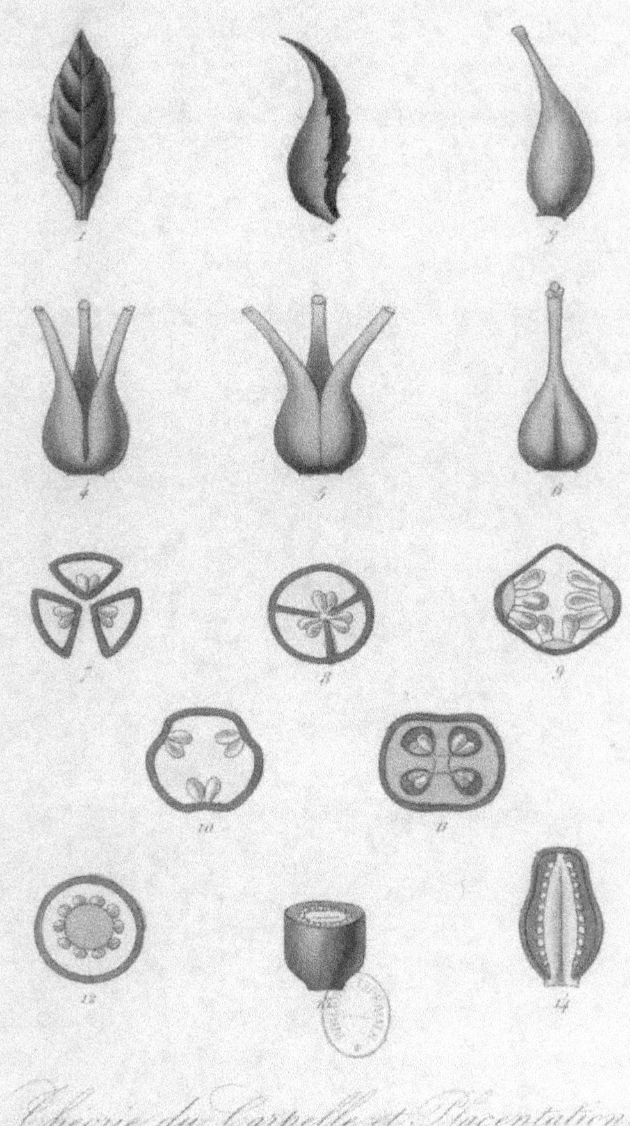

Théorie du Carpelle et Placentation.

ANATOMIE DES OVAIRES.

1. — Un ovaire d'ANGRÆCUM (*Orchidée*).

2. — Coupe longitudinale d'une portion très-grossie de la paroi d'un ovaire, montrant sa structure anatomique ou la nature des différents tissus.

3. — Coupe transversale d'un ovaire à trois carpelles soudés seulement par la face ventrale ; la figure n'en présente que deux.

4. — Coupe transversale, très-grossie, d'un ovaire de crucifères, à deux loges et à deux graines séparées par une cloison.

5. — Coupe transversale d'un ovaire uniloculaire à placentation pariétale.

6. — Coupe transversale d'un ovaire à 5 loges et à placentation axile.

7. — Coupe longitudinale d'un ovaire uniloculaire à placentation centrale libre, de Primulacées.

(Voir page 79.)

Anatomie des Ovaires.

DES PISTILS.

1. — Pistil de **VILLARSIA NYMPHOIDES** : ovaire atténué en style simple, stigmate bilobé à lobes dentés.
2. — Pistil de **SIDERITIS HYSSOPIFOLIA** : 4 ovaires, 1 style simple, stigmate à 2 lobes dont un plus court dilaté.
3. — Pistil de **COTYLEDON TUBEROSA** : 5 ovaires distincts, 5 styles subulés.
4. — Pistil de **SCROPHULARIA SAMBUCINA** : ovaire entouré d'un disque, style filiforme, stigmate bilobé.
5. — Pistil de **CUCUMIS LEUCANTHA** : ovaire infère, surmonté des débris du calice et d'une couronne d'étamines avortées, style simple, stigmate à trois lobes.
6. — Pistil de **FUMARIA SEMPERVIRENS**, accompagné de 2 bractées ; style filiforme, stigmate bipartite.
7. — Pistil de **FUMARIA LUTEA** ; même explication que la figure 6.
8. — Pistil de **RUMEX SCUTATUS** : ovaire triangulaire, 3 styles, stigmates frangés.
9. — Pistil de **VERBENA GLOMERATA** : calice persistant renfermant l'ovaire, style filiforme, stigmate presque capité.
10. — Pistil de **SCÆVOLA LOBELIA** : ovaire infère, stigmate entouré d'une indusie cyathiforme.
11. — Pistil de **CAMPANULA AUREA** : ovaire infère anguleux, style filiforme divisé au sommet en 5 divisions linéaires stigmatiques.
12. — Pistil de **VIOLA ROTHOMAGENSIS**, dont l'ovaire est enveloppé par les étamines syngénèses, munies de deux appendices filiformes; le style est épaissi et le stigmate capité.
13. — Pistil de **CONVOLVULUS INFLATUS** : ovaire implanté sur un disque, style filiforme, 2 stigmates.
14. — Pistil de **VINCA ROSEA** : deux ovaires accompagnés de 2 glandes nectarifères, style filiforme dilaté au sommet en une sorte de bouclier, stigmate pelté frangé.
15. — Pistil de **SCUTELLARIA ALPINA** : quatre ovaires, style gynobasique inséré entre et à la base des ovaires, stigmate bifide.
16. — Pistil de **VERBENA MULTIFIDA** : ovaire à 4 lobes, style simple, stigmate bifide.
17. — Pistil de **COLUTEA ARBOREA** : ovaire stipité, style arqué, stigmate recourbé en hameçon ou unciné.
18. — Pistil de **KIGGELLARIA AFRICANA** : ovaire à 5 côtes, 5 styles subulés.
19. — Pistil de **RUMEX SPINOSUS** : ovaire triangulaire, 3 styles plumeux.
20. — Pistil de **CYNOGLOSSUM LINIFOLIUM** : 4 ovaires à bords dentés, implantés dans un disque, style gynobasique.
21. — Pistil de **BORRAGO LAXIFLORA** : 4 ovaires implantés dans un disque, style gynobasique, stigmate bilobé.
22. — Pistil de **MYOSOTIS PALUSTRIS** : ovaire quadrilobé, style simple filiforme, stigmate capité.
23. — Pistil de **TOURNEFORTIA MUTABILIS**, dont le stigmate est pelté.
24. — Pistil de **HELIOTROPIUM EUROPOEUM**, dont le stigmate, presque sessile, est pelté-conique.

(Voir page 64.)

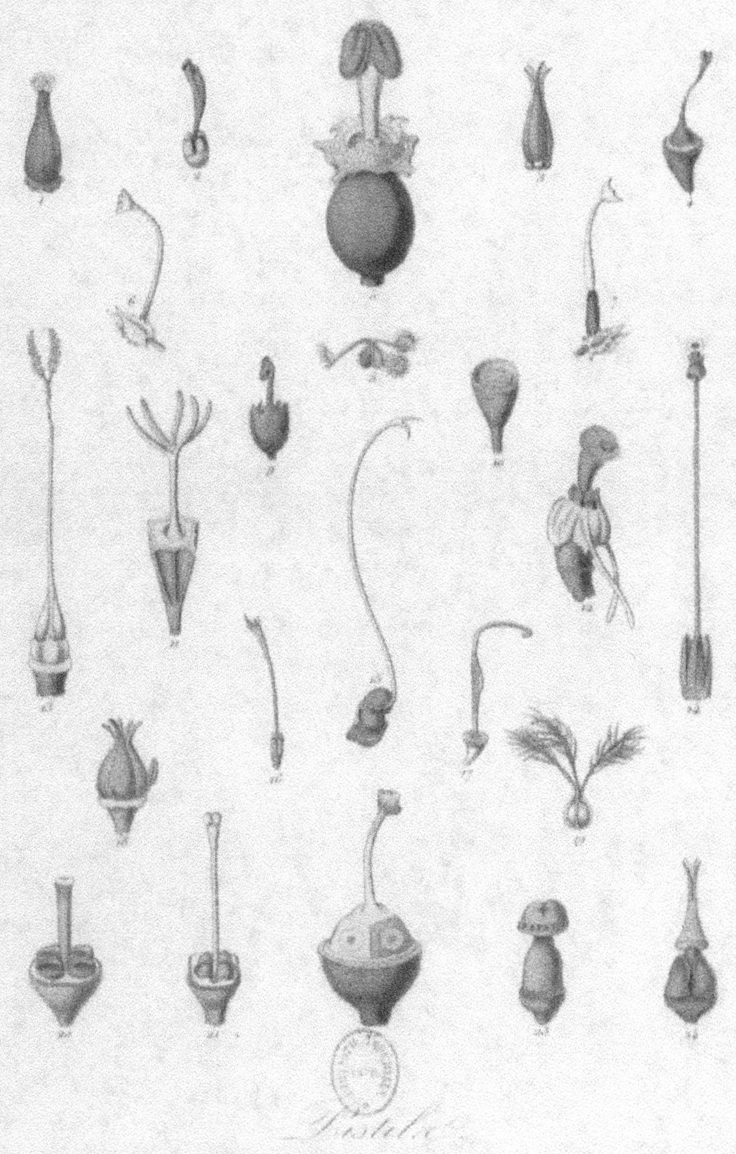

Pistils.

ANATOMIE DU STYLE ET DU STIGMATE.

1. — Portion de stigmate, coupe longitudinale : au sommet cellules papilleuses, au centre cellules lâches avec méats intercellulaires.

2. — Partie inférieure du style : coupe longitudinale, montrant le tissu cellulaire et deux faisceaux de trachées.

3. — Coupe transversale, montrant le canal central et des faisceaux de trachées éparses dans le tissu cellulaire.

4. — Coupe transversale d'un style monocarpellé, dont le canal central est tapissé de cellules papilleuses.

5. — Portion d'un style polycarpellé, coupe transversale ; le canal central occupé par le tissu conducteur.

6. — Portion de style, coupe longitudinale ; en dehors, des poils collecteurs.

7. — Centre d'un style ; coupe longitudinale, montrant le canal central vide.

8. — Même coupe, avec une portion plus extérieure, montrant d'un côté un faisceau de trachées et le canal central rempli de cellules de différentes formes constituant le tissu conducteur.

(Voir page 77.)

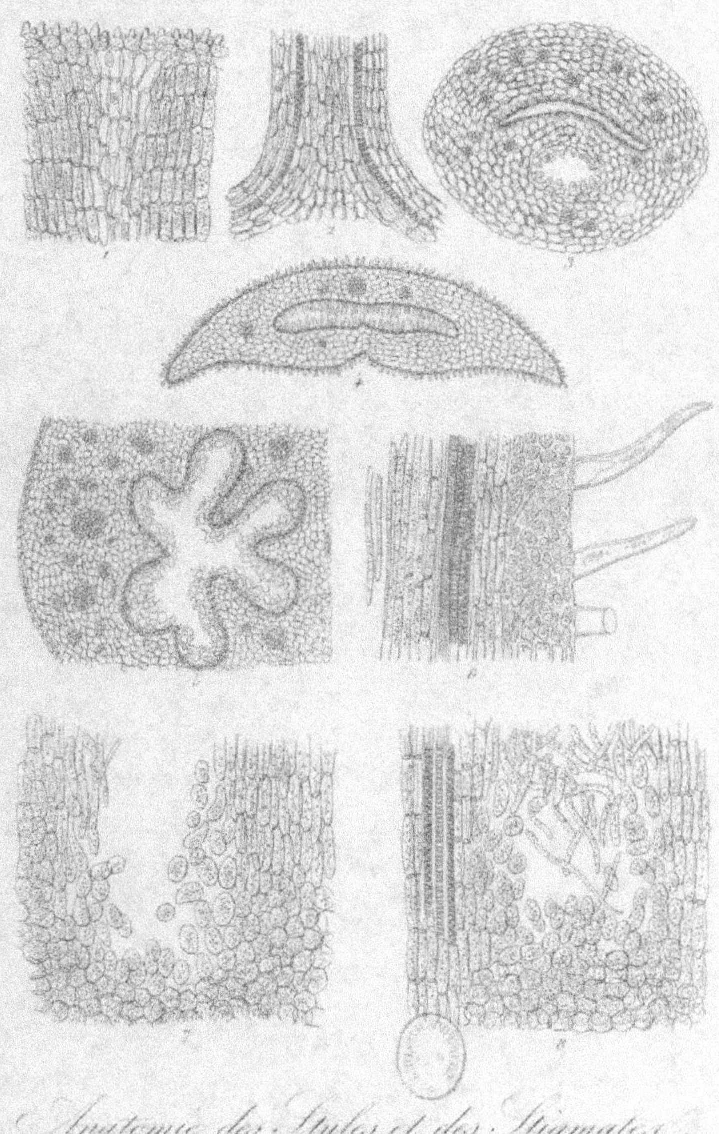

Anatomie des Styles et des Stigmates.

A. Riocreux pinx.   Impr. Bénard et Frey, r. Racine.   Oudet sculp.

DÉVELOPPEMENT DES OVULES ET DE L'ARILLE.

1. — Ovule orthotrope de NOYER (*Juglans regia*), vu au microscope; premier âge; tégument simple ou ne recouvrant que la base du nucelle.
2. — Même ovule plus développé; le nucelle est recouvert presque entièrement par le tégument.
3. — Ovule orthotrope de POLYGONUM CYMOSUM, vu au microscope; le nucelle est recouvert seulement à sa base par le tégument interne ou secondine.
4. — Même ovule que le précédent, plus développé; les deux téguments (primine et secondine), forment une double enveloppe au sommet de laquelle fait encore saillie le nucelle.
5. — Ovule anatrope, vu au microscope, de CHELIDONIUM MAJUS, muni de ses deux téguments; par suite du développement d'un des côtés, il commence à tourner la pointe de son nucelle et à se renverser.
6. — Même ovule que le précédent et complétement renversé, mais ayant la pointe de son nucelle non encore entièrement recouverte par les deux téguments.
7. — Le même à son état parfait de développement : la côte saillante est le *raphé*, la petite ouverture est le *micropyle*.
8. — Coupe longitudinale du précédent, montrant la primine ou tégument extérieur, la secondine ou tégument intérieur, la chalaze, point d'attache, le nucelle ou amande, le sac embryonnaire dans lequel est un petit embryon.
9 à 12. — Différents âges de l'ovule campulitrope de la GIROFLÉE; 9, l'ovule est encore presque droit ; 10, commencement de courbure; 11, état parfait ; 12, coupe longitudinale montrant les deux téguments, l'absence de nucelle, l'embryon arqué, avec sa radicule correspondant au micropyle.
13 à 16. — Quatre âges différents de l'ARILLE se développant autour de l'ovule du FUSAIN (*Evonymus Europæus*); 13, apparition de l'arille formant une sorte de cupule ; 14, arille plus développé ; 15, l'ovule est presque entièrement recouvert; 16, coupe longitudinale de l'arille, pour montrer les rapports de cet organe avec l'ovule qu'il enveloppe complétement.

(Voir page 81.)

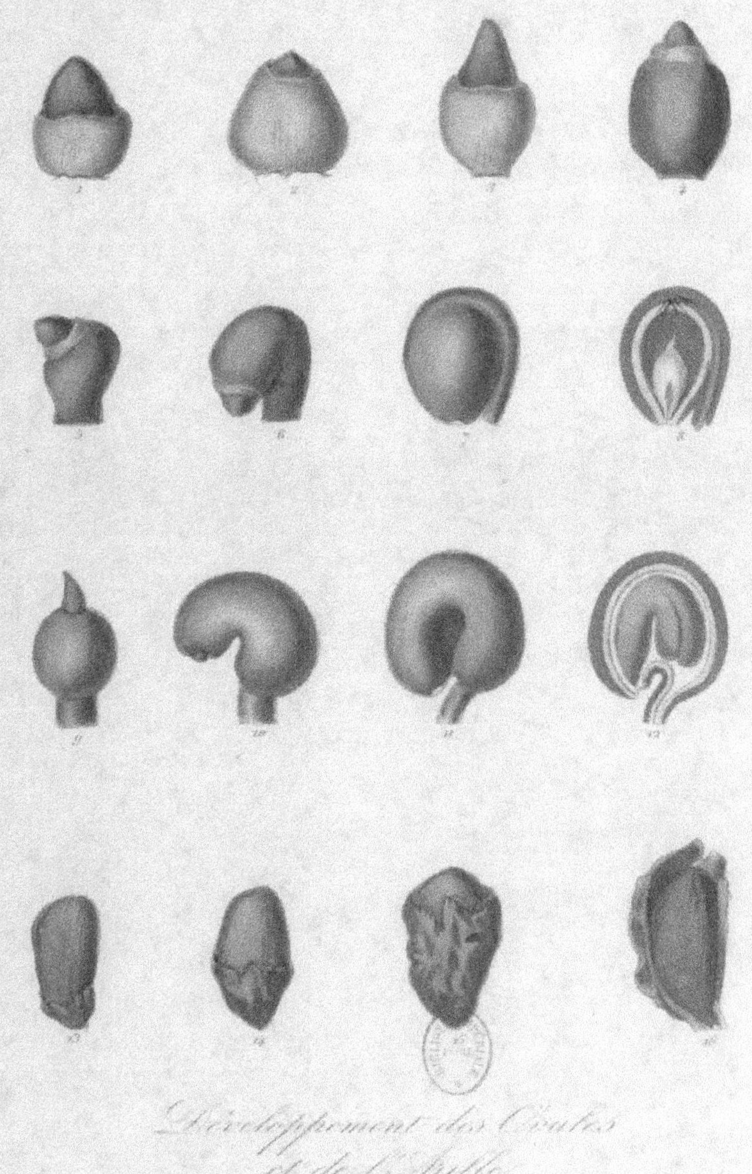

Développement des Ovules
et de l'Ovule.

Bouchard et Freret, pinx.   Imp. Lemercier, Bénard et Cie, Paris.   Delaroy, sculp.

POSITION ET DIRECTION DES OVULES.

1. — Coupe longitudinale d'un ovule orthotrope parfait, très-grossi, de POLYGONUM CYMOSUM.
2. — Ovaire de PARIÉTAIRE (*Parietaria officinalis*), à ovule ascendant.
3. — Ovaire d'URTICA URENS, à ovule dressé,
4. — Ovaire de PLUMBAGO ZEYLANICA, à ovule renversé, fixé au sommet d'un placenta filiforme ascendant.
5. — Coupe longitudinale d'un ovule anatrope.
6. — Ovaire uniloculaire à ovule anatrope ascendant.
7. — Ovaire d'HIPPURIS VULGARIS, à ovule anatrope renversé.
8. — Ovaire de DAPHNE MEZEREUM, à ovule anatrope pendant.
9. — Coupe longitudinale d'un ovule campulitrope.
10. — Ovaire du MENISPERMUM CANADENSE, à ovule courbé ou campulitrope, inséré à la paroi de la loge.
11. — Autre coupe d'ovule campulitrope.
12. — Coupe longitudinale d'un ovaire à plusieurs loges, montrant deux ovules insérés horizontalement.
13. — Ovaire du NUTTALIA CERASOIDES, à deux ovules collatéraux pendants.
14. — Ovaire montrant deux ovules insérés, l'un à la base, l'autre au sommet.
15. — Ovaire d'une PAPILIONACÉE (*Ononis rotundifolia*), à ovules campulitropes superposés et horizontaux.
16. — Une loge de l'ovaire du PEGANUM HARMALA, à ovules très-nombreux insérés sur un placenta saillant axile, et prenant des directions différentes.

(Voir page 73.)

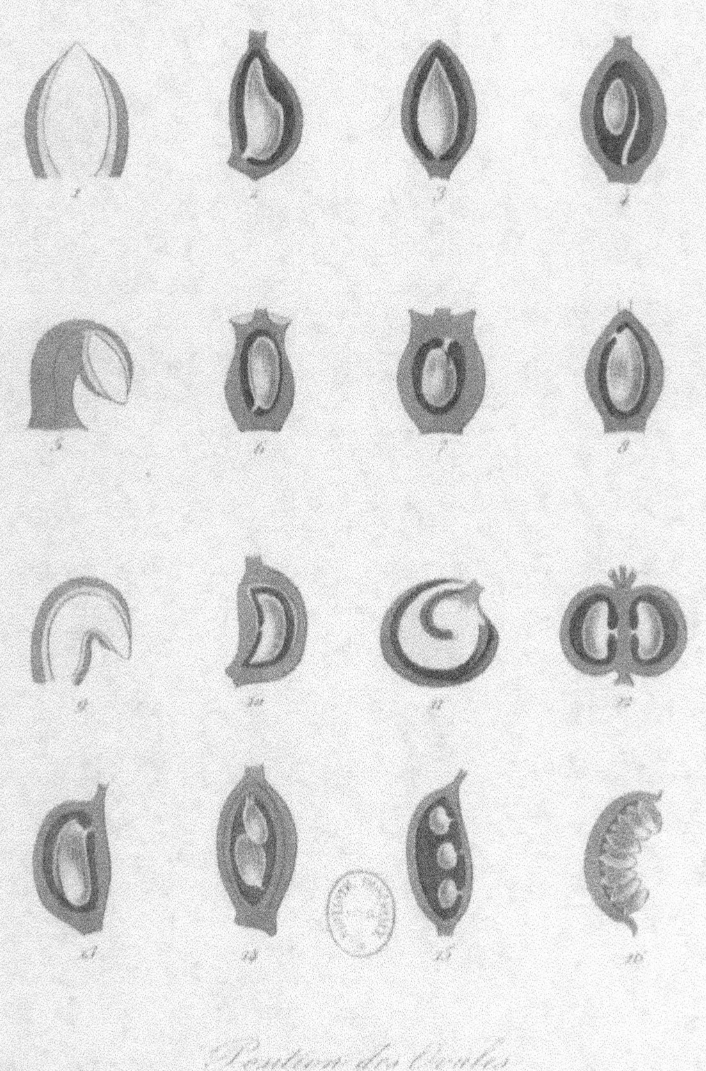

Position des Ovules.

DES FRUITS.

1. — Gousse charnue de FABA MAJOR (*Fève de Marais*).

2. — Deux coupes longitudinales : la supérieure est celle d'un ovaire du TRIBULUS TERRESTRIS, montrant les saillies de la paroi, qui commencent à séparer les ovules ; la coupe inférieure est celle du fruit pour montrer que les saillies de la paroi dorsale de l'ovaire sont parvenues jusqu'à la paroi ventrale et forment des cloisons transversales qui partagent chaque loge en plusieurs logettes superposées.

3. — Deux achaines ou akènes du RANUNCULUS MURICATUS : l'inférieur est coupé transversalement pour montrer la graine.

4. — Cariopse, avec la coupe transversale, du SEIGLE.

5. — Deux samares d'ÉRABLE SYCOMORE.

6. — Une samare séparée d'un fruit d'HIROEA, de la famille des malpighiacées.

7. — Un follicule de l'HELLEBORE FÉTIDE.

8. — Gousse bivalve ouverte du POIS CULTIVÉ.

9. — Gousse articulée du SAINFOIN D'ESPAGNE.

10. — Portion de fruit de la MAUVE, composée de plusieurs carpelles ou coques, disposés autour d'une columelle centrale.

11. — Fruit d'un RICIN, coupé en long et composé de coques monospermes.

(Voir page 102.)

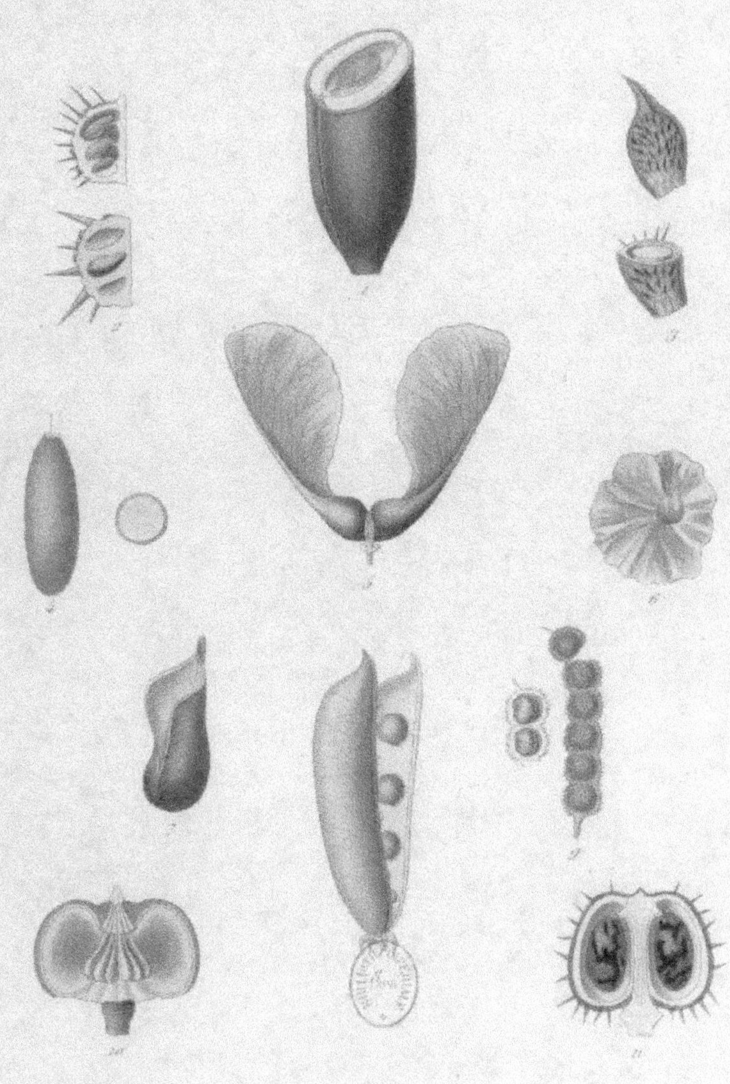

Fruits

DES FRUITS

(SUITE).

12. — Polachaine ou polakène du GERANIUM SANGUINEUM, composé de cinq carpelles, se séparant de l'axe central de la base au sommet.

13. — Nuculaine du NEFLIER, coupée transversalement pour montrer les nucules ou noyaux.

14. — Deux drupes de CORNOUILLER (*Cornus mas*), dont une coupée pour montrer le noyau à deux loges.

15. — Biachaine ou biakène, aussi crémocarpe d'une OMBELLIFÈRE (*Prangos uloptera*), après la déhiscence qui a séparé les deux carpelles ou akènes restés suspendus aux deux filets du carpophore.

16. — Samare du FRAXINUS OXYPHYLLA.

16 *a*. — Coupe transversale de la partie inférieure de la figure précédente, pour montrer qu'elle est à deux loges, mais dont une avortée, réduite à une très-petite cavité sans graines.

17. — Capsule du MUFLIER (*Antirrhinum majus*), à déhiscence poricide.

18. — Capsule à déhiscence poricide du CAMPANULA PERSICOEFOLIA.

19. — Pyxide ou capsule, s'ouvrant transversalement, de L'ANAGALLIS ARVENSIS.

20. — Capsule à déhiscence denticide du CERASTIUM VISCOSUM.

21. — Capsule de DIGITALIS PURPUREA, à déhiscence septicide.

21 *a*. — Coupe transversale du fruit précédent, pour montrer comment s'opère le dédoublement de la cloison.

22. — Capsule de l'HIBISCUS ESCULENTUS à déhiscence loculicide.

23. — Capsule de CEDRELA ANGUSTIFOLIA, à déhiscence septifrage.

(Voir page 102.)

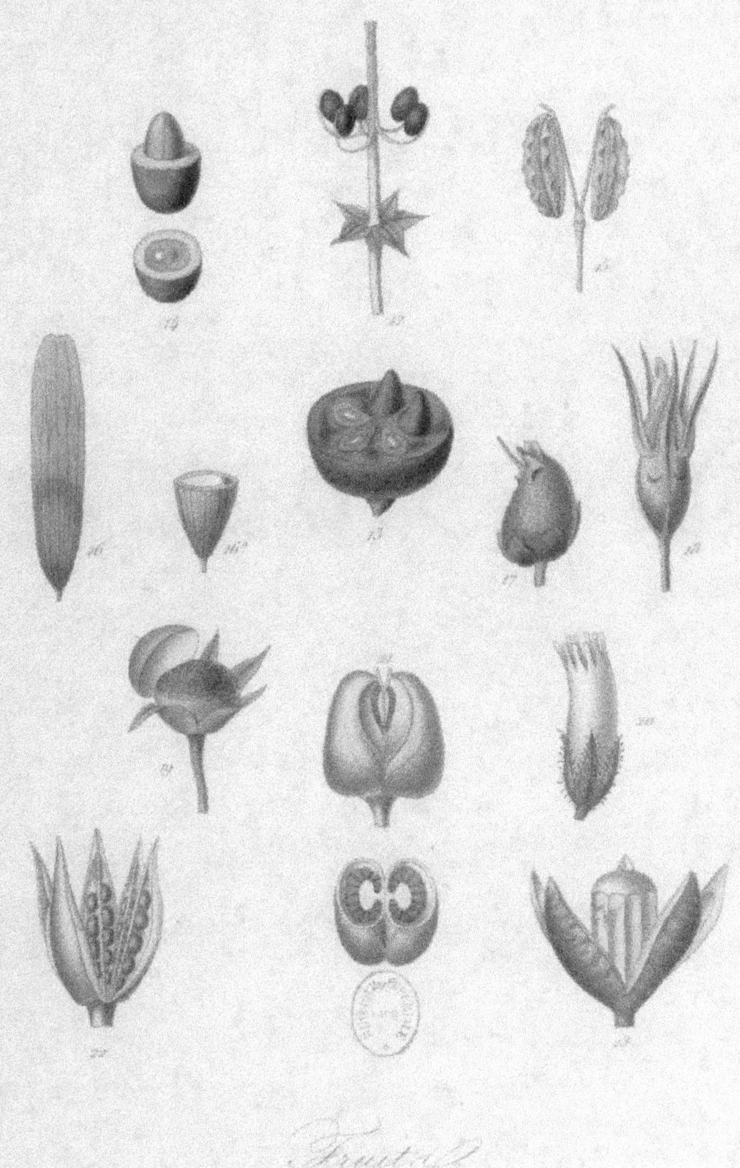

Fructi

DES FRUITS

(SUITE).

24. — Capsule de l'ACAJOU (*Swietenia mahogoni*), à déhiscence septifrage, mais s'ouvrant de bas en haut.

25. — Capsule à trois coques du RICIN (*Ricinus communis*), au moment où les carpelles ou coques se séparent de l'axe central.

26. — Capsule de l'ORCHIS MACULATA.

27. — Silique de la GIROFLÉE (*Cheiranthus cheiri*), au moment où les deux valves se séparent de la cloison qui porte les graines.

28. — Fruits anthocarpés de la BELLE NUIT (*Mirabilis jalapa*), dont un coupé longitudinalement, pour montrer la base durcie du calice qui constitue une enveloppe accessoire.

29. — Fruit bacciforme de l'IF (*Taxus baccata*).

30. — Fruits agrégés de l'ANANAS, couronnés par un bouquet de feuilles, au $^1/_3$ de grandeur naturelle.

31. — Cône du PINUS SYLVESTRIS.

32. — Cône du CYPRÈS (*Cupressus communis*).

33. — Cône bacciforme d'un GENÉVRIER (*Juniperus macrocarpa*).

(Voir page 102.)

Fruct.

GERMINATION DES VÉGÉTAUX
MONOCOTYLÉDONÉS.

1. — Germination d'une Graminée, ÆGILOPS OVATA.

2. — Germination du MAIS (*Zea mais*).

3. — Germination d'une Cypéracée grossie.

4. — Germination du DATTIER (*Phœnix dactylifera*).

5. — Germination, plus développée, du DATTIER.

6. — Germination d'une Aroïdée, CALLA ÆTHIOPICA.

7. — Germination d'une Liliacée, METHONICA SUPERBA.

8. — Germination coupée longitudinalement du METHONICA SU-
PERBA.

9. — Germination, grossie, de l'ASPERGE

10. — Germination d'une Aroïdée.

(Voir page 128.)

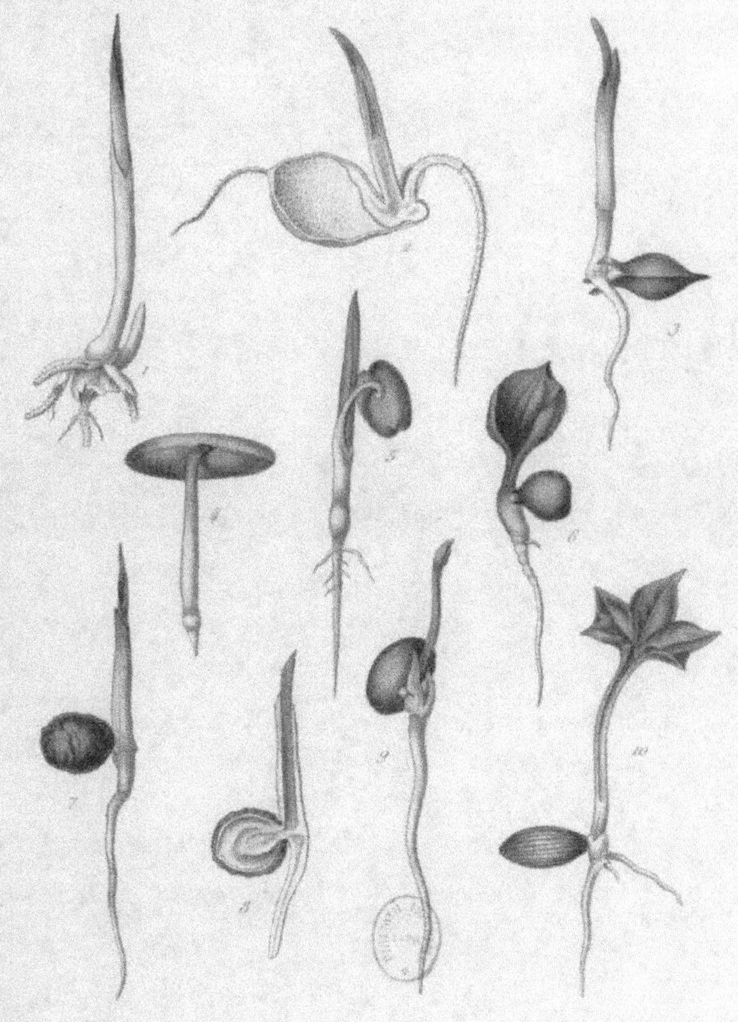

Germination des végétaux.

Monocotylédones.

A. Riocreux del.   Paris, Imp. Ch. Lemercier, r. de Seine 57.   Coste sc.

GERMINATION DES VÉGÉTAUX DICOTYLÉDONÉS.

1. — Graine du **FABA MAJOR**, ou Féve de marais.
2. — Graine précédente, dépouillée de son enveloppe et montrant sa radicule appliquée sur les cotylédons.
3. — Un cotylédon séparé et portant la gemmule d'une graine du **FABA MAJOR**.
4. — Graine de la même plante, ayant ses cotylédons écartés, montrant la radicule, la plumule et le réseau de faisceaux vasculaires des cotylédons.
5. — Germination de la **FÉVE DE MARAIS**, ayant sa radicule très-développée et sa plumule commençant à sortir de l'enveloppe de la graine.
6. — Graine d'un **HARICOT**, avant la germination.
7. — Un cotylédon du **HARICOT** précédent avec la gemmule.
8. — Germination de **HARICOT**.
9. — **POIS** avant la germination.
10. — Un cotylédon de **POIS** (*Pisum sativum*), avec la gemmule.
11. — Germination du **POIS**, offrant deux feuilles entières opposées.
12. — Germination d'une **LENTILLE** (*Ervum lens*), au moment où la plumule sort de l'enveloppe de la graine.
13. — Germination plus avancée de la **LENTILLE**.
14. — Embryon grossi d'un **PIN**.
15. — Germination d'un Conifère, montrant ses cotylédons profondément découpés, et dont les découpures simulent autant de cotylédons.

(Voir page 128.)

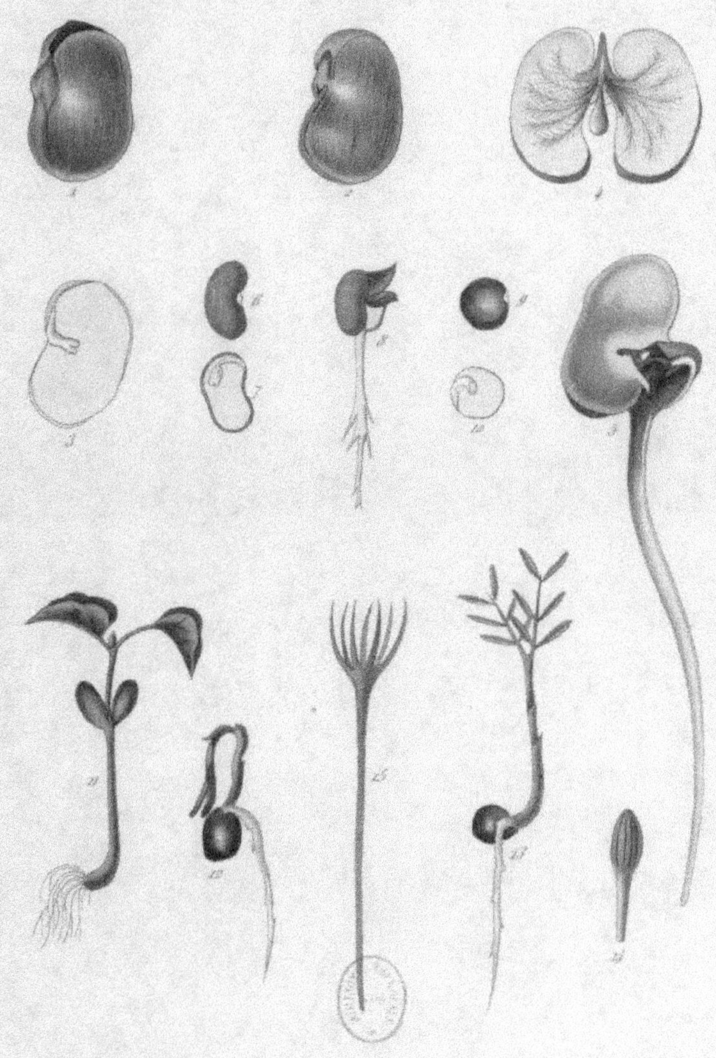

Germination des Végétaux
Dicotylédones.

GERMINATION DES VÉGÉTAUX MONOCOTYLÉDONÉS.

ÉTUDE ANATOMIQUE.

1. — Germination d'une Graminée.

2. — Coupe transversale de la tige, très-grossie, montrant deux faisceaux vasculaires, au milieu de la masse de cellules dont la couche extérieure forme l'épiderme.

3. — Coupe longitudinale d'une portion de la précédente, montrant les deux faisceaux composés de vaisseaux spiraux ou trachées, entourés de cellules allongées.

4. — Germination d'une Aroïdée.

5. — Coupe longitudinale d'une portion de la tige, montrant les faisceaux vasculaires et les cellules allongées qui les entourent.

6. — Coupe transversale d'une portion de tige de la figure 4, montrant un faisceau fibro-vasculaire, et des raphides ou cristaux aciculaires échappés des cellules qui les contenaient.

(Voir page 128.)

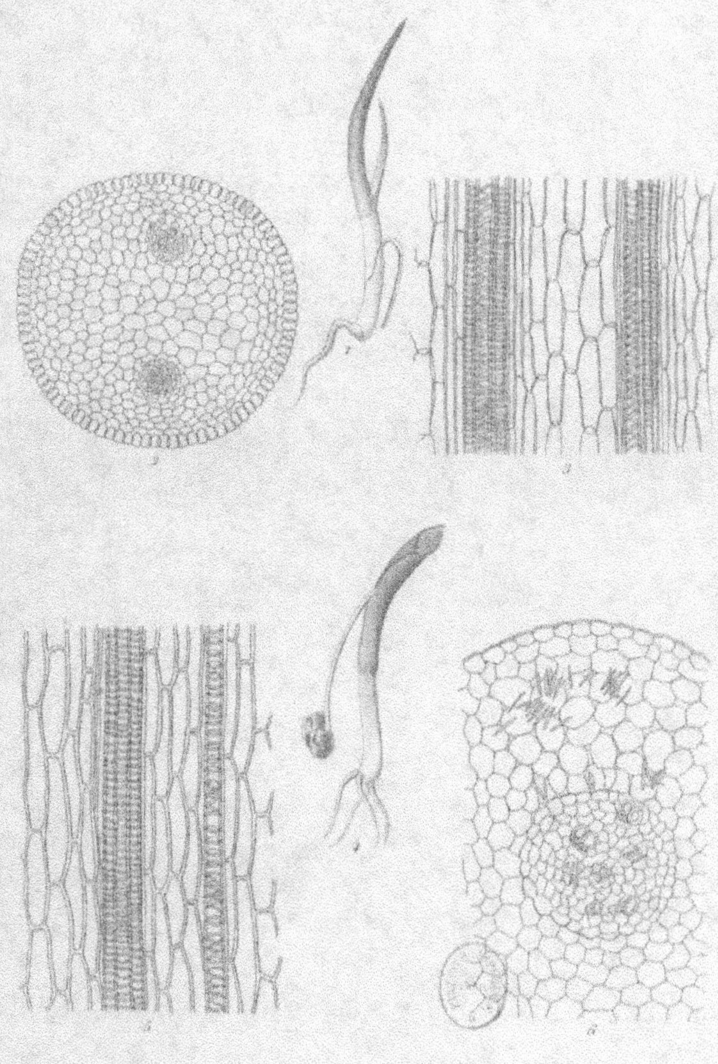

Germination des végétaux monocotylédonées.

A. Riocreux pinx.   Imp. Leméroix et Cie, Jacques, à Paris.   Pierre sculp.

GÉNÉRATION ET GERMINATION DES CRYPTOGAMES.

(FIGURES GROSSIES DE 200 A 300 FOIS.)

1. — Ferment de la Bière à divers états de développement.

2. — Cellules d'AGARICUS CAMPESTRIS, dont une renferme de petites cellules sphériques entourées de protoplasma ou de matière rudimentaire des tissus.

3. — Extrémité d'une baside ou réceptacle, portant des spores du CALOCERA VISCOSA.

4. — Sporange isolée de l'HELVELLA ESCULENTA.

5 à 12. — Divers états de développement des organes reproducteurs de la TRUFFE (*Tuber cibarium*); 5, formation des thèques; 6 à 9, développement des spores dans les thèques; 10, deux spores adultes, ayant une cuticule très-développée, observées dans l'acide sulfurique; 11, deux thèques renfermant des spores presque mûres, soumises à l'ébullition dans une solution de potasse; la cuticule des spores a presque disparu: 12, une thèque soumise à l'action combinée du sucre et de l'acide carbonique.

13 à 15. — Formation des Zoospores du CHLAMIDOCOCCUS PLUVIALIS; 13, Zoospores constituées; 14, plante à l'état parfait de développement; 15, Zoospores s'échappant de la cellule mère.

16. — Portion d'un Apothecion de BORRERA CILIARIS (*Lichen*), trempée dans l'iode, coupe longitudinale; *b*, thèque en voie de formation; *c*, thèque bien constituée, renfermant des spores; *d*, paraphyse.

17. — Portion d'une Algue, ULOTHRIX ZONATA, composée de cellules placées bout à bout, et dans lesquelles cellules se forment les zoospores ou spores douées de mouvement; *a* et *c*, cellules faisant saillie par la pression intérieure exercée par les zoospores qui veulent en sortir; *b*, cellule normale remplie de zoospores; *d*, zoospore restée dans la cellule et qui y germe; *g*, zoospores s'échappant de la cellule.

18. — Zoospores isolées de la plante précédente; les flèches indiquent la direction de leur mouvement.

19. — Une de ces zoospores, grossie mille fois.

20. — Anthérozoïdes de l'ULOTHRIX ZONATA.

21. — Anthérozoïde grossie mille fois.

22 et 23. — États différents de germination de zoospores de l'ULOTHRIX.

24 à 29. — Portion d'une conferve SPIROGYRA; 24, cellule terminale remplie de chlorophylle, *a b*, et où l'on voit quelques grains amylacés, bleuis par l'iode; 25, deux cellules dans lesquelles la chlorophylle, ou matière verte, commence à décrire une bande spirale en *c d*; 26, cellules dans lesquelles la bande spirale est mieux constituée; *e*, *f*, *g*, *h*, *i*, *k*, parties saillantes de la bande, *x*, vides entre la bande; 27, cellules dans lesquelles la bande est complétement développée; 28, cellules contenant des zoospores en voie de formation; 29, cellules dont les parties saillantes sont destinées à la copulation.

(Voir page 140.)

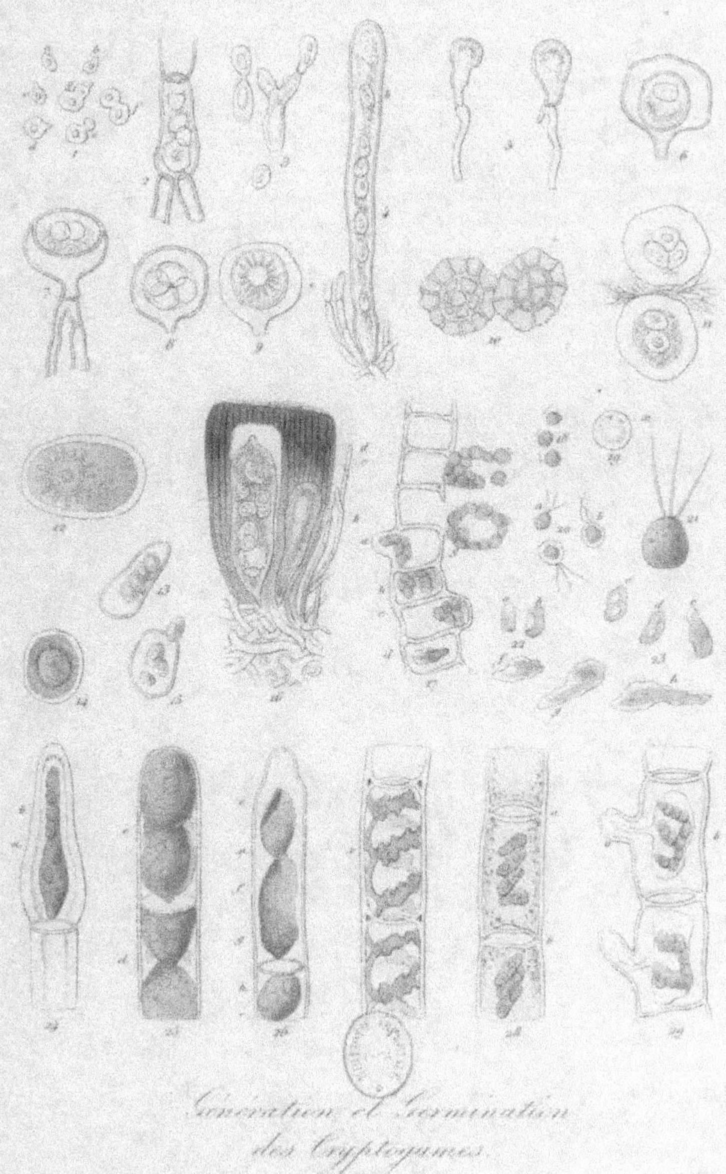

Génération et Germination
des Cryptogames.

GÉNÉRATION ET GERMINATION DES CRYPTOGAMES.

(FIGURES GROSSIES DE 200 A 300 FOIS.)

1. — Portion de l'ULOTHRIX ZONATA soumise à l'action de l'acide sulfurique, montrant deux filaments au moment de la copulation; dans deux cellules, sont deux spores nouvellement formées par suite de la combinaison des liquides des deux filaments.

2. — Germination de l'ULOTHRIX ZONATA, portion inférieure d'une jeune plante.

3. — Portion d'un filament d'ULOTHRIX, de l'intérieur duquel la bande spirale de chlorophylle a disparu; elle est remplacée par des cellules zoosporifères.

4. — Cellules en chapelet du NOSTOC PRUNIFORME, qui vont se séparer pour multiplier la plante.

5. — Coupe du tissu de FUCUS SERRATUS, soumis à l'action de l'iode; deux cellules se formant dans une cellule mère.

6. — Cellule isolée d'un filament de NOSTOC PRUNIFORME et constituant une nouvelle plante, dans laquelle on trouve déjà de petits filaments cellulaux en chapelet.

7. — Cellules isolées du tissu du PELLIA EPIPHYLLA (*Jongermannie*).

8. — Fil spiral ou élatère de Jongermanne, SCOPANIA COMPACTA, soumis à l'action de l'acide sulfurique concentré.

9. — Anthéridie d'une Jongermanne, PLAGIOCHILA ASPLENIOIDES.

10. — Fragment, plus grossi, de la figure précédente, et soumis à l'action de l'acide sulfurique.

11. — Anthérozoïde de PLAGIOCHILA ASPLENIOIDES, en état de repos.

12. — Cellule de la seconde couche d'une paroi de l'anthéridie du PLAGIOCHILA.

13. — Spore du SCAPANIA COMPACTA.

14, 15 et 16. — Anthérozoïdes en mouvement plus ou moins rapide.

17. — Fragment d'une jeune feuille de mousse, SPHAGNUM CYMBIFOLIUM, soumis à l'action de l'acide sulfurique.

18. — Contenu d'une jeune anthéridie, soumise à l'action de l'iode, du PELLIA EPIPHYLLA.

19. — Deux cellules dans lesquelles se forment des anthérozoïdes.

20. — Une cellule mère contenant deux cellules filles, soumise à l'action de l'iode.

21. — Fragment d'une feuille de PELLIA EPIPHYLLA, coupe transversale montrant un vide qui était occupé par une anthéridie, et de l'autre côté une anthéridie en place.

22. — Jeunes cellules renfermant le nucleus d'où naîtra une anthérozoïde.

23. — Les cellules précédentes plus avancées et contenant l'anthérozoïde enroulée.

24. — Réseau granuleux de l'anthéridie du PELLIA, après la sortie des anthérozoïdes.

25. — Anthérozoïdes du PELLIA enroulées et déroulées.

26. — Cellules du bord d'une feuille de JONGERMANNIA ANOMALA, soumise à l'action de l'iode.

27. — Cellule mère de JONGERMANNE isolée, contenant deux nucleus qui deviendront deux cellules.

28. — Cellules mères avec le nucleus, à divers états, du JONGERMANNIA ANOMALA.

(Voir page 140.)

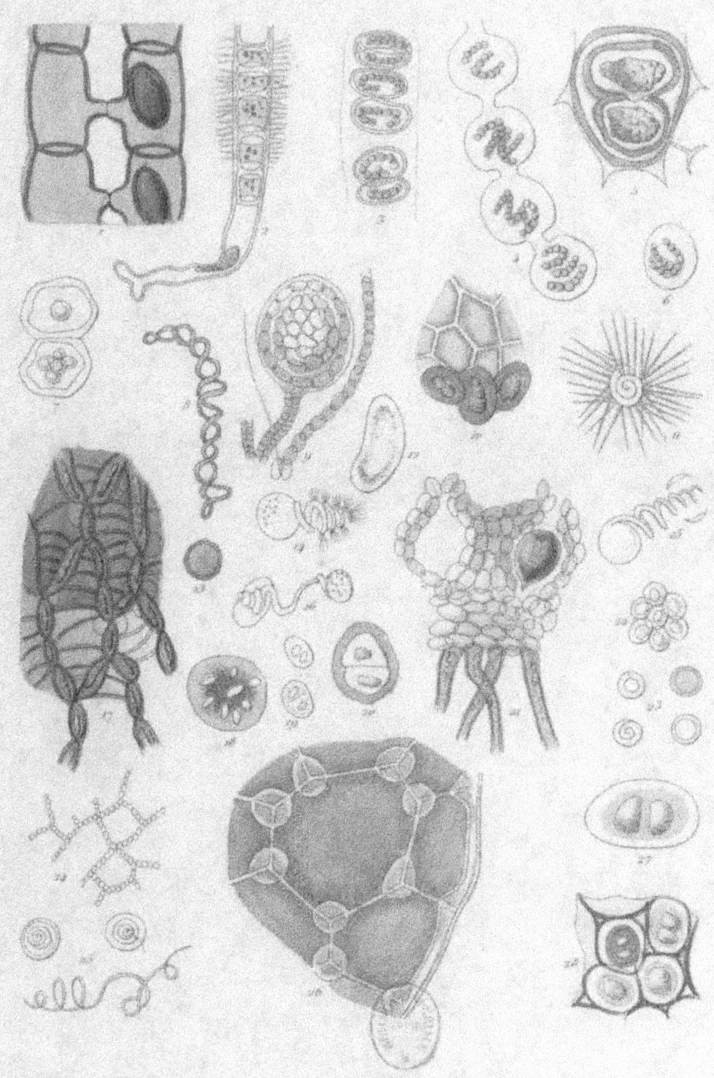

Génération et Germination
des Cryptogames.

GÉNÉRATION DES CRYPTOGAMES.

1. — Portion de fronde de fougère, POLYPODIUM.
2. — Portion de fronde de fougère, DAVALLIA PYXIDATA.
3. — Portion de fronde de fougère, LOXSOMA CUNNINGHAMII.
4. — Sporange très-grossie de fougère, MARGINARIA VERRUCOSA.
5. — Sporange très-grossie de fougère, CERATOPTERIS THALICTROIDES.
6. — La précédente laissant échapper des spores.
7. — Portion de fronde fertile, ou grappe de sporanges de la fougère royale, OSMUNDA REGALIS.
8. — Portion de fronde de fougère, TRICHOMANES ALATUM, pourvue d'un réceptacle contenant un épi de sporange.
9. — Portion de fronde de fougère, ASPLENIUM VIVIPARUM, sur laquelle s'est développé un bourgeon.
10. — Sporange et bractée de LYCOPODIUM APODUM.
11. — Bractée et capsule sporangifère ou sporocarpe de LYCOPODIUM APODUM.
12. — Sporocarpe globulifère ouvert de LYCOPODIUM APODUM.
13. — Portion de fronde de PSILOTUM TRIQUETRUM (*Lycopodiacée*), portant trois sporocarpes.
14. — Sporanges de Prêle, EQUISETUM ARVENSE, réunis sous une écaille peltée.
15. — Spore de Prêle, entourée de quatre fils élastiques dont les mouvements aident à la dissémination.
16. — Coupe transversale d'un sporocarpe de PILULARIA GLOBULIFERA.
17. — Jeune plant de MARSILEA QUADRIFOLIA.
18. — PILULARIA GLOBULIFERA : portion de la plante portant deux sporocarpes sur le rhizome.
19. — Coupe longitudinale d'un sporocarpe de MARSILEA QUADRIFOLIA.
20. — Coupe transversale d'un sporocarpe de SALVINIA NATANS.
21. — Spore, commençant à germer, de SALVINIA NATANS.

(Voir page 140.)

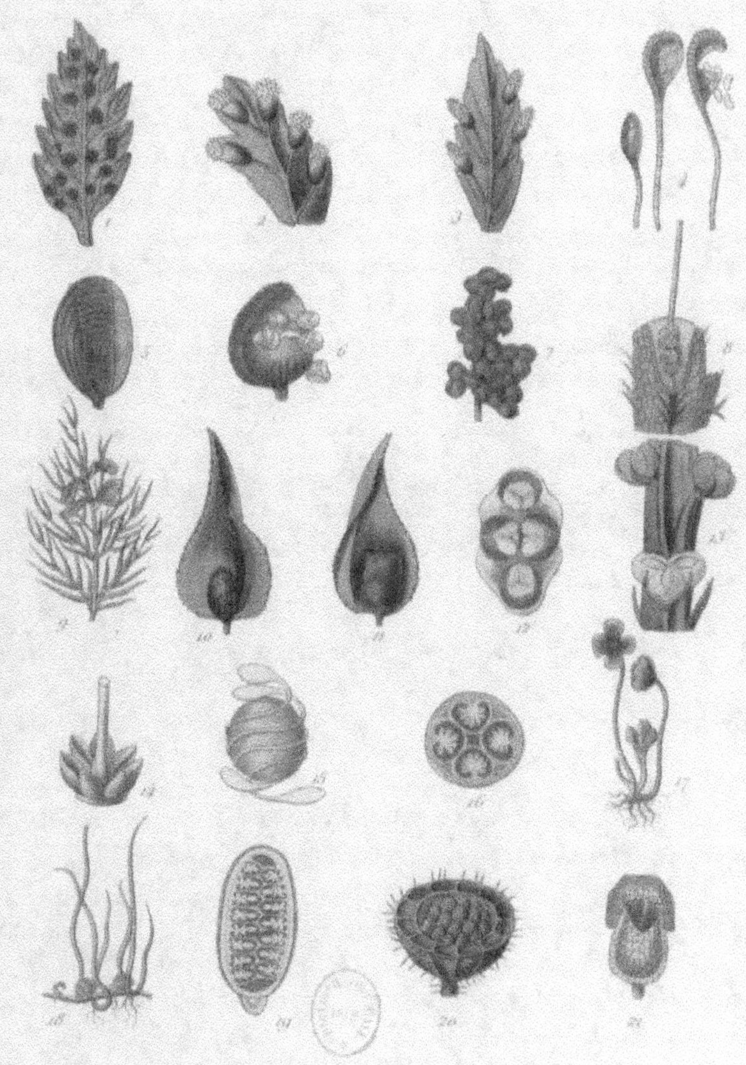

Génération des Cryptogames

GERMINATION DES CRYPTOGAMES.

1. — Spore d'une Conferve.
2. — Spore commençant à germer.
3. — Spore en germination.
4. — Spore du FUCUS SERRATUS.
5. — Spore germée du FUCUS SERRATUS.
6. — Zoospores ou spores animées du CHOETOPHORA ELEGANS.
7 et 8. — Spores à différents états de germination du CHOETOPHORA ELEGANS.
9. — Spore d'une Jongermanniée, PELLIA EPIPHYLLA.
10. — Spore précédente commençant à germer.
11. — Germination accomplie de la précédente.
12. — Deuxième état de germination d'une fougère, PTERIS LONGIFOLIA.
13. — Spore d'une Mousse.
14. — La précédente commençant à germer.
15. — Troisième état de germination du PTERIS LONGIFOLIA.
16. — Germination d'une Mousse.
17. — Premier état de germination du PTERIS LONGIFOLIA.
18. — Spore de l'EQUISETUM ARVENSE.
19, 20, 21, 22 et 23. — Degrés différents de la germination de l'EQUISETUM ARVENSE.
24. — Spore du PILULARIA GLOBULIFERA.
25. — Spore de PILULARIA GLOBULIFERA, commençant à germer.
26. — Germination accomplie de la Pilulaire.
27, 28 et 29. — Degrés différents de germination du MARSILEA FABRI.
30. — Spore du SALVINIA NATANS, très-grossie.
31. — La spore précédente commençant à germer.
32 et 33. — Germination, à deux degrés différents, du SALVINIA NATANS.

(Voir page 146.)

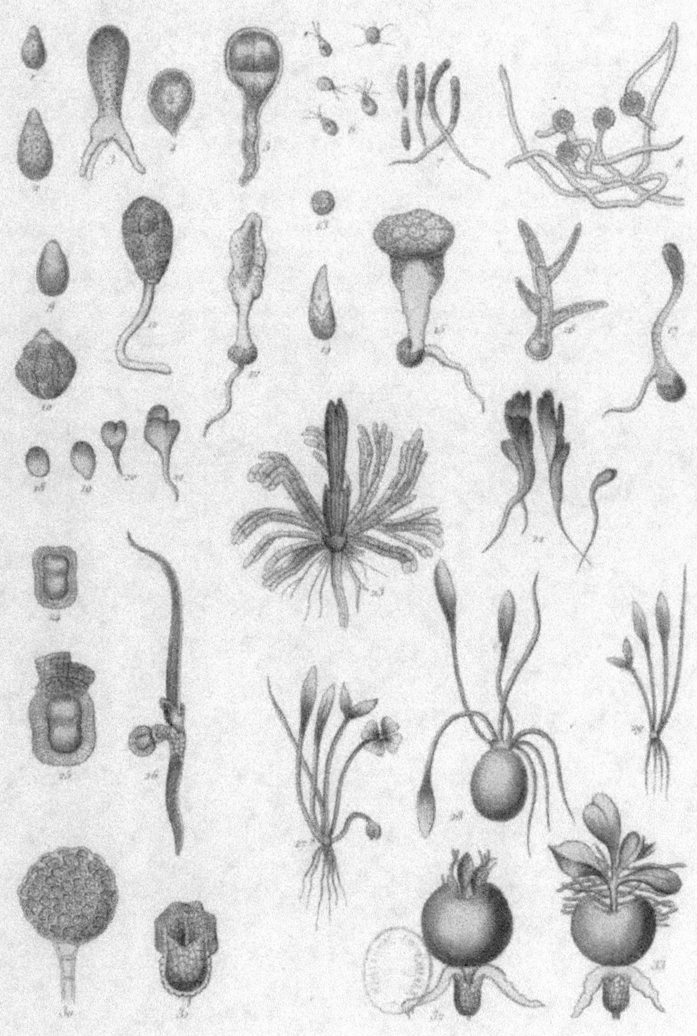

Génération et Germination
des Cryptogames.

A. Riocreux pinx.   Imp. Lemercier, Paris.   Annedouche sc.

STRUCTURE DE LA TIGE DES CRYPTOGAMES.

1. — Coupe transversale, grossie, d'une tige de LYCOPODIUM PHLEGMARIA.
2. — Partie centrale de la précédente, très-grossie.
3. — Coupe transversale d'une racine extérieure, grossie.
4. — Coupe transversale d'une tige de Fougère en arbre, réduite au $^{2}/_{5}$ de grandeur naturelle.
5. — Tige réduite de Fougère (*Aspidium filix-mas*), montrant les cicatrices des anciennes feuilles, et, au sommet, les bases des pétioles.
6. — Coupe transversale de la précédente, à la hauteur de la naissance des feuilles ; on voit extérieurement la coupe des pétioles.
7. — Deux vaisseaux scalariformes, très-grossis.
8. — Coupe transversale d'un tube ligneux d'une tige de Fougère.
9. — Coupe transversale d'une portion de tige d'une autre espèce de fougère en arbre, $^{1}/_{5}$ de grandeur naturelle.
10. — Portion de tige coupée longitudinalement d'une espèce de Fougère arborescente, $^{1}/_{5}$ de grandeur naturelle.
11. — Autre Fougère arborescente, coupe transversale, réduite au $^{1}/_{5}$ de grandeur naturelle.

(Voir page 150.)

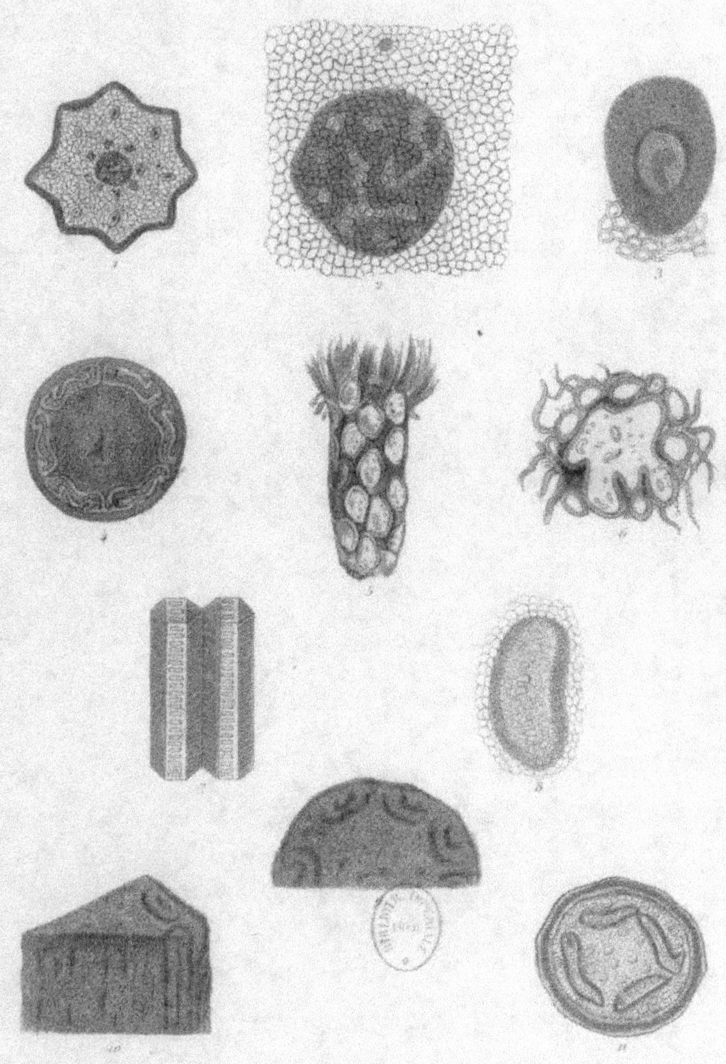

Structure de la tige
des Cryptogames.

TÉRATOLOGIE VÉGÉTALE

TRANSFORMATION DES ORGANES, OU MONSTRUOSITÉS.

1. — Maculature des feuilles de l'AUCUBA JAPONICA.

2. — Tige fasciée de CELOSIA CRISTATA.

3. — Rameau aplati de XYLOPHYLLA ANGUSTIFOLIA.

4. — Rameau foliiforme de RUSCUS HYPOPHYLLUM.

5. — Transformation des étamines de l'ANCOLIE à fleur double, en pétales cucullés ou éperonnés emboîtés les uns dans les autres.

6. — Pélorie de LINAIRE (*Linaria vulgaris*), dans laquelle le limbe de la corolle est devenu régulier, et la base du tube s'est prolongée en cinq éperons.

7. — Dédoublement d'un pétale de SAPONAIRE (*Saponaria officinalis*).

8. — Rameau de PRUNELLIER (*Prunus spinosa*), se transformant en épine.

9. — Rameau d'ÉPINE-VINETTE (*Berberis vulgaris*), dans lequel les épines sont transformées en feuilles.

10. — Follicules d'ANCOLIE, sur les bords desquels des feuilles se sont développées à la place des graines.

(Voir page 180.)

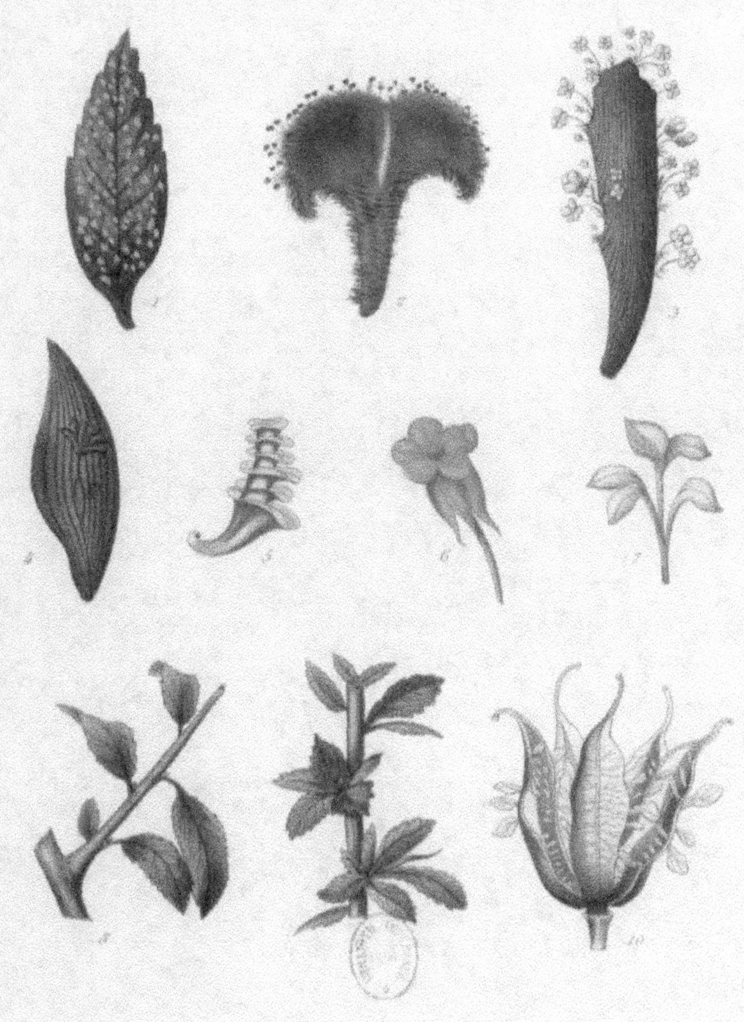

Tératologie végétale.

TÉRATOLOGIE VÉGÉTALE

OU MONSTRUOSITÉS.

1. — Fragment de tige de LILIUM BULBOSUM, portant des bulbilles à l'aisselle des feuilles.

2. — Fragment de rameau portant des feuilles composées, chez lesquelles le pétiole commun s'est transformé en épine.

3. — ORANGE dans laquelle les loges ou carpelles intérieurs font saillie au sommet, sous forme de mamelons.

4. — Deux pétales sur lesquels deux appendices foliacés se sont développés.

5. — Étamines de NÉNUPHAR, passant de l'étamine normale au pétale.

6. — Coupe longitudinale d'un calice de Rose prolifère ; au centre les ovaires parfaits : à l'aisselle des sépales naissent des étamines ; au sommet du tube, des boutons se sont formés et occupent la place des pétales.

7. — POIRE prolifère : l'axe garni de feuilles se prolonge au-dessus du fruit.

8. — ROSE prolifère : les sépales sont transformés en feuilles ; le tube calicinal a disparu, et l'axe, se prolongeant au-dessus de la fleur, porte à son sommet une fleur imparfaite.

9. — Coupe longitudinale d'une POMME offrant deux étages de loges.

10. — Coupe transversale d'une POMME, dans laquelle le nombre de loges a doublé ; il y a 10 loges au lieu de cinq, nombre normal.

(Voir page 180.)

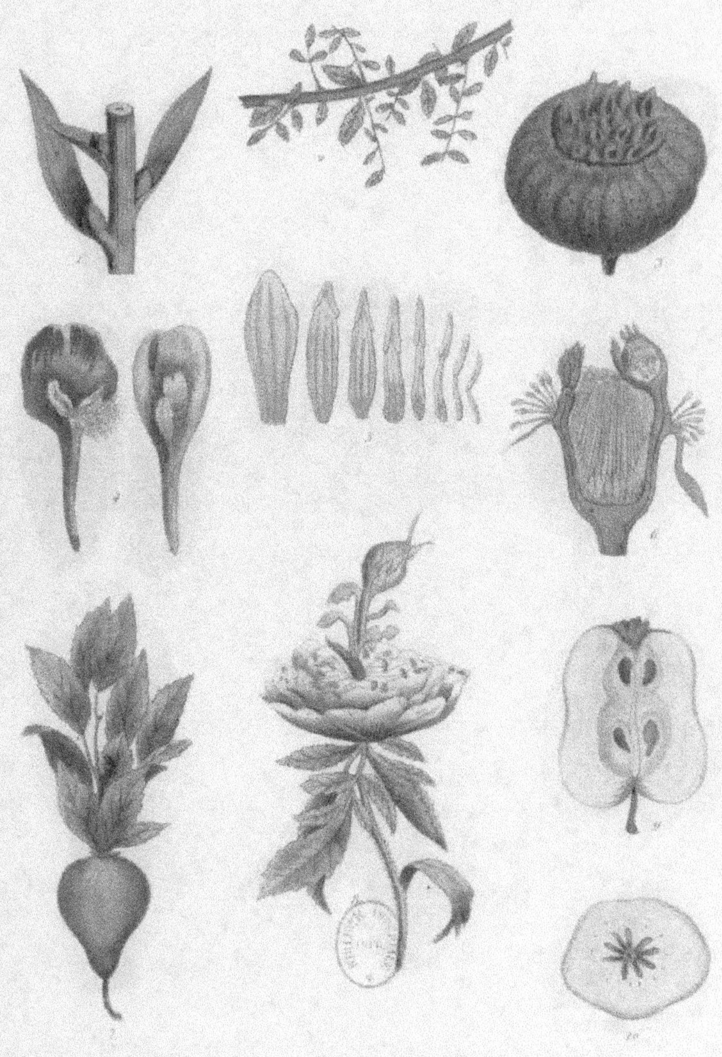

Tératologie végétale.

DES FAMILLES NATURELLES.

1. — Fleur de CLEMATIS VITALBA, de grandeur naturelle ; 1 *a*, agrégat
   de fruits de grandeur naturelle ; 1 *b*, fruit isolé grossi ; 1 *c*, le même
   de grandeur naturelle.
2. — Fleur de Pigamon, THALICTRUM MAJUS, de grandeur naturelle ;
   2 *a*, agrégat de fruits, grandeur naturelle ; 2 *b*, fruit isolé grossi ;
   2 *c*, fruit isolé, grandeur naturelle.
3. — Agrégat de fruits de l'ANEMONE SYLVIE (*Anemone nemorosa*); 3 *a*,
   fruit isolé grossi ; 3 *b*, fruit isolé, grosseur naturelle.
4. — Agrégat de fruits de l'ANEMONE PULSATILLA ; 4 *a*, fruit isolé grossi;
   4 *b*, le même, de grosseur naturelle.
5. — Agrégat de fruits de l'ANEMONE DES JARDINS (*Anemone coronaria*);
   5 *a*, fruit isolé grossi ; 5 *b*, fruit isolé, de grosseur naturelle.
6. — Agrégat de fruits de l'HÉPATIQUE (*Anemone hepatica*); 6 *a*, fruit
   isolé grossi ; 6 *b*, fruit isolé, de grosseur naturelle.
7. — Agrégat de fruits de l'ADONIS ÆSTIVALIS ; 7 *a*, fruit isolé grossi ;
   7 *b*, fruit isolé, de grosseur naturelle.
8. — Agrégat de fruits de l'ADONIS AUTUMNALIS ; 8 *a*, fruit isolé grossi ;
   8 *b*, fruit isolé, de grosseur naturelle.
9. — Agrégat de fruits de RANUNCULUS BULBOSUS ; 9 *a*, fruit isolé
   grossi ; 9 *b*, le même, de grosseur naturelle.
10. — Agrégat de fruits de RANUNCULUS LINGUA ; 10 *a*, fruit isolé grossi;
   10 *b*, fruit, de grosseur naturelle.
11. — Agrégat de fruits murs de FICARIA RANUNCULOIDES ; 11 *a*, fruit
   isolé et grossi ; 11 *b*, ovaires agrégés de grandeur naturelle ; 11 *c*,
   un ovaire isolé et grossi ; 11 *d*, pétale de grandeur naturelle.
12. — Agrégat de fruits de CALTHA PALUSTRIS ; 12 *a*, graine grossie,
   12 *b*, graine de grosseur naturelle.
13. — Agrégat de fruits de TROLLIUS EUROPÆUS, 13 *a*, graine grossie ;
   13 *b*, graine de grosseur naturelle.

(Voir page 211.)

Des Familles naturelles.

DES FAMILLES NATURELLES.

1. — Agrégat de fruits, de grandeur naturelle, de l'ERANTHIS HYEMALIS, accompagné de son involucre ; 1 *a*, graine grossie ; 1 *b*, la même de grosseur naturelle.

2. — Agrégat de fruits réduits d'HELLEBORUS NIGER ; 2 *a*, graine grossie ; 2 *b*, la même, grosseur naturelle ; 2 *c*, racine, réduite au $\frac{1}{4}$ de sa grandeur.

3. — Agrégat de fruits, réduits, de l'HELLEBORUS FOETIDUS ; 3 *a*, graine grossie ; 3 *b*, la même, de grosseur naturelle.

4. — Agrégat de fruits, de grandeur naturelle, du NIGELLA ARVENSIS ; 4 *a*, graine grossie ; 4 *b*, la même, de grosseur naturelle.

5. — Agrégat de fruits, de grandeur naturelle, de l'Ancolie, AQUILEGIA VULGARIS ; 5 *a*, graine grossie ; 5 *b*, la même, de grosseur naturelle.

6. — Agrégat de fruits, de grandeur naturelle, de DELPHINIUM STAPHY-SAGRIA ; 6 *a*, agrégat de graines de grosseur naturelle ; 6 *b*, graine isolée.

7. — Agrégat de fruits, de grandeur naturelle, de l'ACONITUM NAPELLUS ; 7 *a*, graine grossie ; 7 *b*, la même, de grosseur naturelle.

8. — Agrégat de fruits, réduits d'un tiers, de Pivoine, POEONIA OFFICI-NALIS ; 8 *a*, extrémité d'un ovaire avec le stigmate ; 8 *b*, graine réduite de moitié.

9. — Agrégat de fruits, de grandeur naturelle, de l'ACONITUM LYCOC-TONUM ; 9 *a*, graine grossie ; 9 *b*, la même, de grosseur naturelle.

10. — Fleurs de l'ACTEA SPICATA ; 10 *a*, fruit de grosseur naturelle ; 10 *b*, coupe longitudinale du fruit, pour montrer la disposition des graines ; 10 *c*, deux graines grossies ; 10 *d*, deux graines de grandeur naturelle.

11. — Fleurs de CIMICIFUGA FOETIDA un peu réduites ; 11 *a*, deux fruits de grandeur naturelle ; 11 *b*, graine grossie ; 11 *c*, la même de grosseur naturelle.

(Voir page 241.)

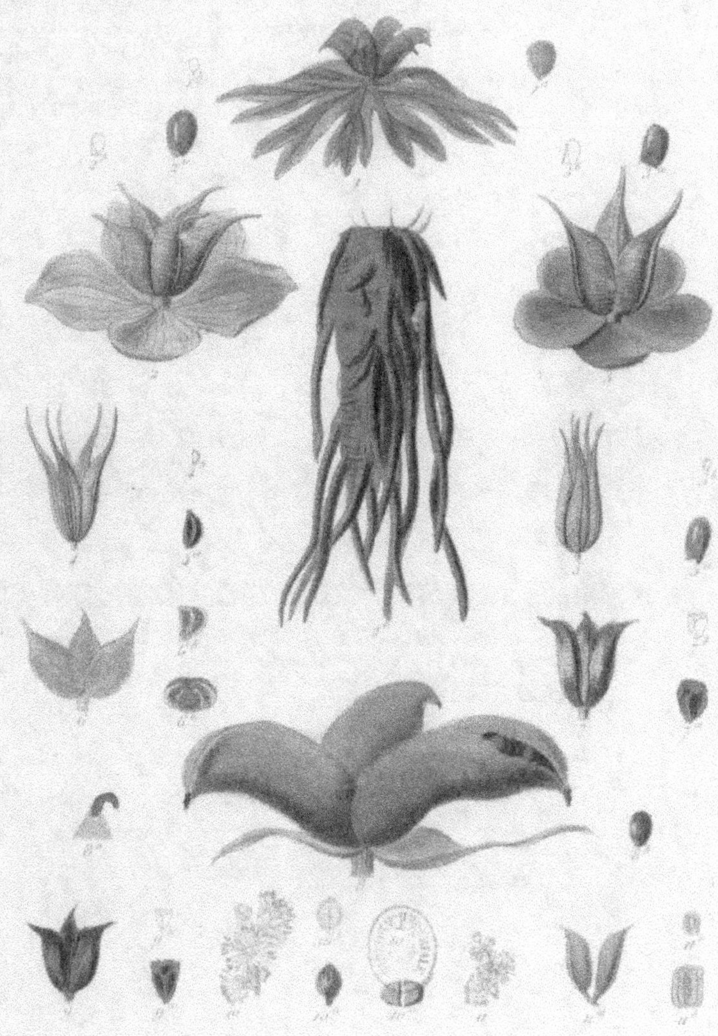

Des Familles naturelles

DES FAMILLES NATURELLES.

———

1. — Fruit, réduit au tiers de sa grosseur, d'une Dilléniacée, DILLENIA SPE-
   CIOSA ; 1 *a*, graine, $^1/_3$ de grosseur naturelle.

2. — Agrégat de fruits, de grosseur naturelle, de l'Anis étoilé, ILLICIUM
   ANISATUM, famille des Magnoliacées ; 2 *a*, graine.

3. — Fleurs de DRIMYS WINTERI, grandeur naturelle ; 3 *a*, fruit ; 3 *b*, graine ;
   3 *c*, écorce.

4. — Fruit, de grosseur naturelle, du MICHELIA CHAMPACA, famille des
   Magnoliacées ; 4 *a*, graine, de grosseur naturelle.

5. — Agrégat de fruits, $^1/_3$ de grosseur naturelle, du MAGNOLIA GLAUCA ;
   5 *a*, graine ; 5 *b*, écorce.

6. — Agrégat de fruits, $^1/_2$ de grosseur naturelle, du Tulipier, LIRIODEN-
   DRUM TULIPIFERUM, famille des Magnoliacées ; 6 *a*, graine de
   grosseur naturelle ; 6 *b*, la même grossie ; 6 *c*, portion de racine
   réduite.

7. — Fruit agrégé, $^1/_6$ de grosseur naturelle, de l'ANONA MURICATA,
   famille des Anonacées ; 7 *a*, graine, $^1/_6$ de grosseur naturelle.

8. — Fruit, $^1/_3$ de grosseur naturelle, de MONODORA MYRISTICA, famille
   des Anonacées ; 8 *a*, coupe transversale ; 8 *b*, graine réduite au tiers.

9. — Agrégat de fruits, $^1/_2$ de grandeur naturelle, de l'UVARIA AROMATICA,
   famille des Anonacées ; 9 *a*, graine de grosseur naturelle ; 9 *b*, la
   même, grossie.

(Voir page 242.)

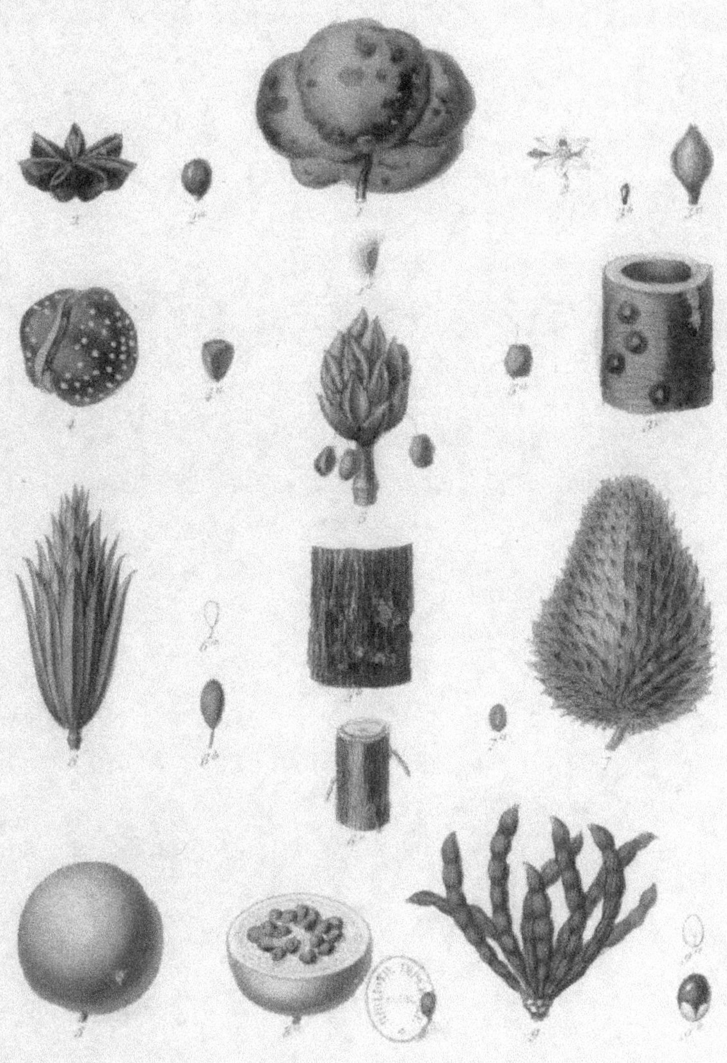

Des Familles naturelles

DES FAMILLES NATURELLES.

1. — Fleur femelle du LARDIZABALA BITERNATA ; 1 *a*, fleur mâle
   un peu amplifiée ; 1 *b*, fruit de grosseur naturelle ; 1 *c*, coupe
   de la graine ; 1 *d*, graine, un peu grossie.

2. — Fleur, de grandeur naturelle, du COCCULUS PALMATUS ; 2 *a*,
   fleur grossie ; 2 *b*, fruit de grosseur naturelle ; 2 *c*, graine de
   grosseur naturelle ; 2 *d*, racine réduite ; 2 *e*, coupe transversale de racine sèche.

3. — Fleur, de grandeur naturelle, de l'ANAMIRTA COCCULUS ; 3 *a*,
   fleur grossie ; 3 *b*, fruit de grosseur naturelle ; 3 *c*, graine de
   grosseur naturelle ; 3 *d*, fruit sec.

4. — Fleur, de grandeur naturelle, du MENISPERMUM CANADENSE ;
   4 *a*, fleur grossie ; 4 *b*, fruit de grosseur naturelle ; 4 *c*, graine
   de grosseur naturelle ; 4 *d*, fragment de racines, de grosseur
   naturelle.

5. — Grandeur de la fleur du CISSAMPELOS PAREIRA ; 5 *a*, fleur
   grossie ; 5 *b*, fruits de grosseur naturelle ; 5 *c*, fruit grossi ;
   5 *d*, grosseur de la graine ; 5 *e*, graine grossie ; 5 *f*, fragment de racine ; 5 *g*, coupe transversale de racine sèche.

(Voir page 243.)

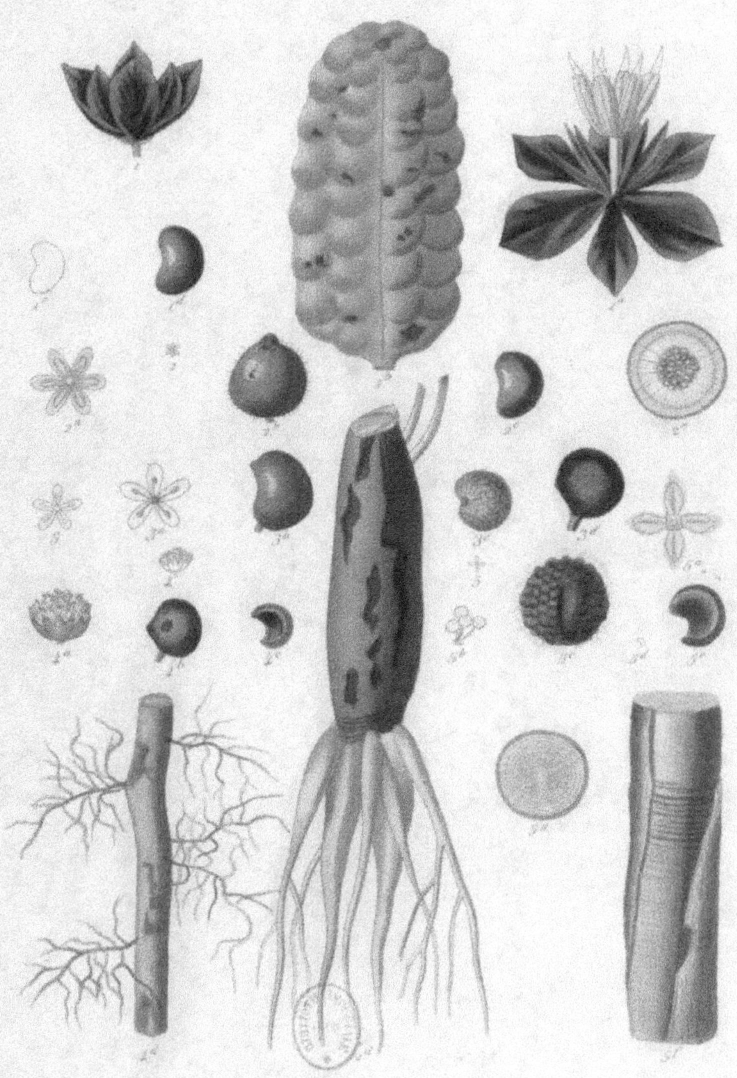

SYSTÈME DE LINNÉ.

1. — Monandrie : HIPPURIS VULGARIS, fleur très-grossie.
2. — Diandrie : FORSYTHIA VIRIDISSIMA, fleur et fragment grossi de la corolle portant deux étamines.
3. — Triandrie : TIGRIDIA CONCHIFLORA, fleur réduite au tiers.
4. — Tétrandrie : EXACUM TETRAGONUM, fleur et fragment grossi de la corolle ouverte pour montrer le pistil et les étamines.
5. — Pentandrie : OXYPETALUM SOLANOIDES, fleur, et coupe grossie pour montrer les nectaires.
6. — Hexandrie : CARAGNATA, fleur, et corolle ouverte montrant le pistil et les étamines.
7. — Heptandrie : PAVIA LUTEA, fleur entière et fleur dépouillée de la corolle, ayant le calice fendu pour montrer le pistil et les étamines.
8. — Octandrie : FUCHSIA SERRATIFOLIA, fleur réduite de $\frac{1}{2}$ et fleur dépouillée des enveloppes montrant le pistil et les étamines.
9. — Ennéandrie : RHEUM RHAPONTICUM, fleur très-grossie et coupe longitudinale.
10. — Décandrie : TETRATHECA HIRSUTA, fleur, et ovaire grossi entouré par les filets d'étamines.
11. — Dodécandrie : BÉJARIA COARCTATA, fleur, étamines et pistil.
12. — Icosandrie : MYRTUS COMMUNIS, fleur entière et fleur dépouillée de la corolle.

(Voir page 259.)

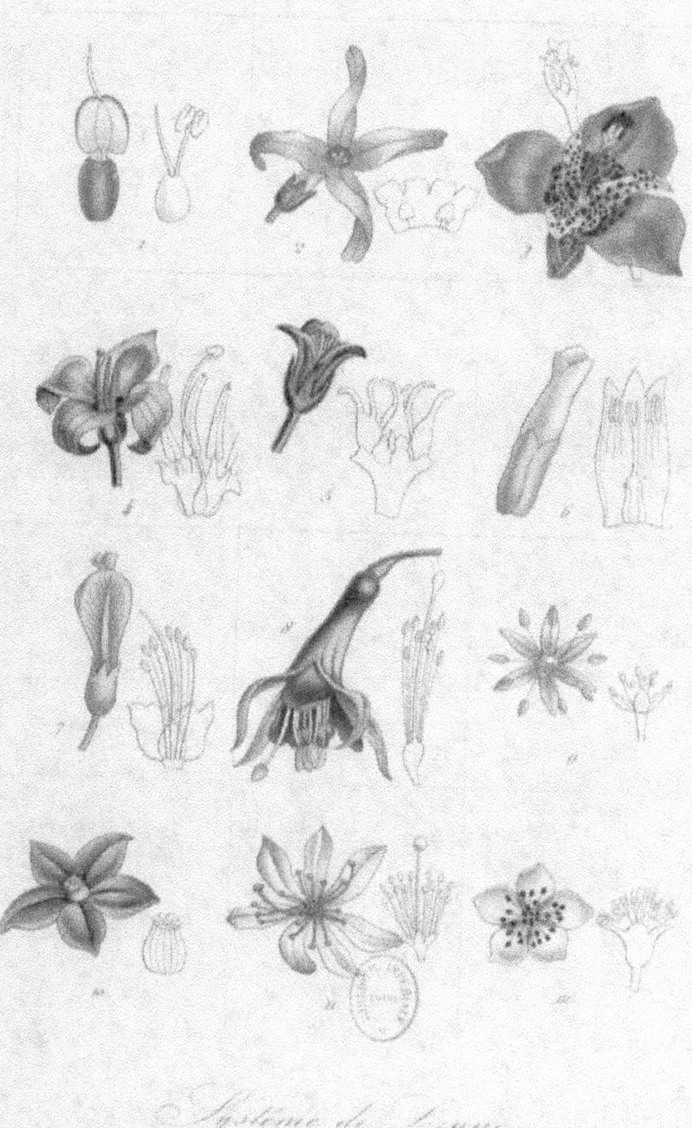

Système de Linné.

SYSTÈME DE LINNÉ

(SUITE).

---

13. — Polyandrie : SMEATHMANNIA PUBESCENS, fleur entière et
     fleur dépouillée des enveloppes florales.
14. — Didynamie : GESNERIA ZEBRINA, fleur et étamines.
15. — Tétradynamie : CARDAMINE PRATENSIS, fleur et organes
     sexuels.
16. — Monadelphie : HIBISCUS GROSSULARIÆFOLIUS, fleur ré-
     duiteau tiers et tube staminal avec le style.
17. — Diadelphie : ERYTHRINA CORALLODENDRON, fleur et
     étamines.
18. — Polyadelphie : HYPERICUM PERFORATUM, fleur et étamines.
19. — Syngénésie : ARNICA MONTANA, capitule réduit de moitié, et
     deux fleurs isolées.
20. — Gynandrie : ANGROECUM FUNALE, fleur réduite de moitié et
     gynostème.
21. — Monoécie : URTICA URENS, chatons mâle et femelle avec
     fleurs mâle et femelle isolées.
22. — Dioécie : SALIX SERINGIANA, chatons mâles et femelles avec
     fleurs mâlés et femelles isolées.
23. — Polygamie : ACACIA CELASTRIFOLIA, épi globuleux de gros-
     seur naturelle, et fleur isolée très-amplifiée.
24. — Cryptogamie : Agaric, Cenomyce, Marchantia, Jongermanne,
     Mousse, Scolopendre, Equisetum.

(Voir page 201.)

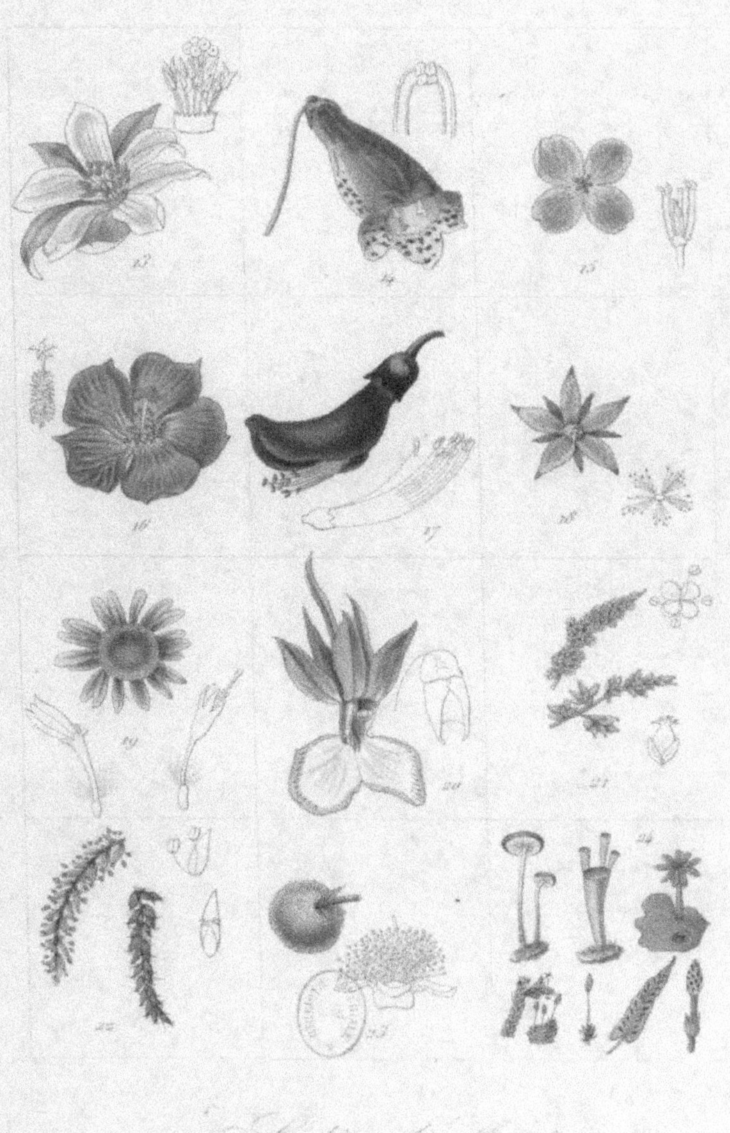

Système de Linné

SYSTÈME DE PORTA.

Nota : Le signe = signifie égale à...., dans cette planche et la suivante.

1. — Chenille : = 1 *a*, fruit du SCORPIURUS MURICATUS.

2. — Oursins : = 2 *a*, enveloppe cupuliforme de la CHATAIGNE.

3. — Hélice : = 3 *a*, fruit de la LUZERNE ou MEDICAGO SATIVA.

4. — Pied d'oiseau : = 4 *a*, griffe ou racines fasciculées de RENON-
CULE.

5. — Main humaine : = 5 *a*, racine tuberculeuse palmée de l'OR-
CHIS MACULATA.

6. — Tête et crête de dindon : = 6 *a*, épi de l'AMARANTHUS
CAUDATUS.

7. — Chenille : = 7 *a*, rameau de POMMIER.

8. — Scorpion : = 8 *a*, racine de BISTORTE.

9. — Serpent = 9 *a*, feuille de l'ARUM SERPENTARIA.

10. — Aspergille : = 10 *a*, capitule de CAMOMILLE.

(Voir page 271.)

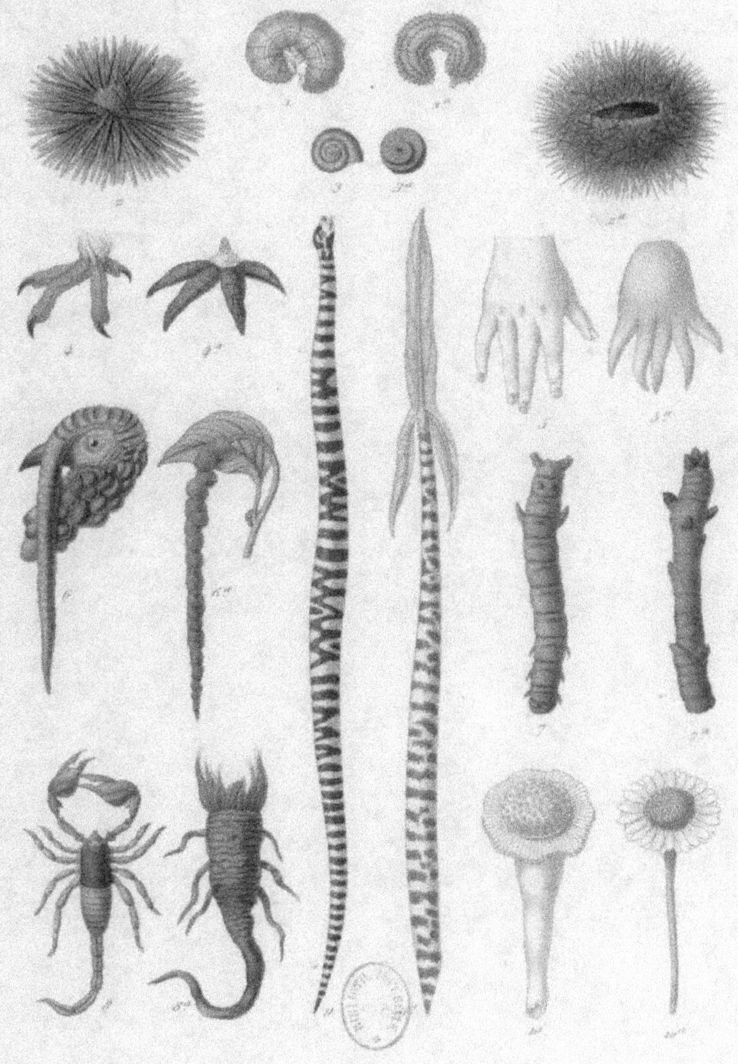

Système de Perla

SYSTÈME DE PORTA

(SUITE).

1. — Guêpe : = 1 *a*, fleur de l'OPHRYS APIFERA.

2. — Mouche : = 2 *a*, fleur de l'OPHRYS MIODES.

3. — Araignée : = 3 *a*, fleur de l'OPHRYS ARANIFERA.

4. — Papillon : = 4 *a*, fleur de l'ONCIDIUM PAPILIO.

5. — Phyllie : = 5 *a*, feuille de CHÊNE.

6. — Tête de veau : = 6 *a*, fleur du MUFLIER.

7. — Cloporte enroulé : = 7 *a*, fruit de MAUVE.

(Voir page 271.)

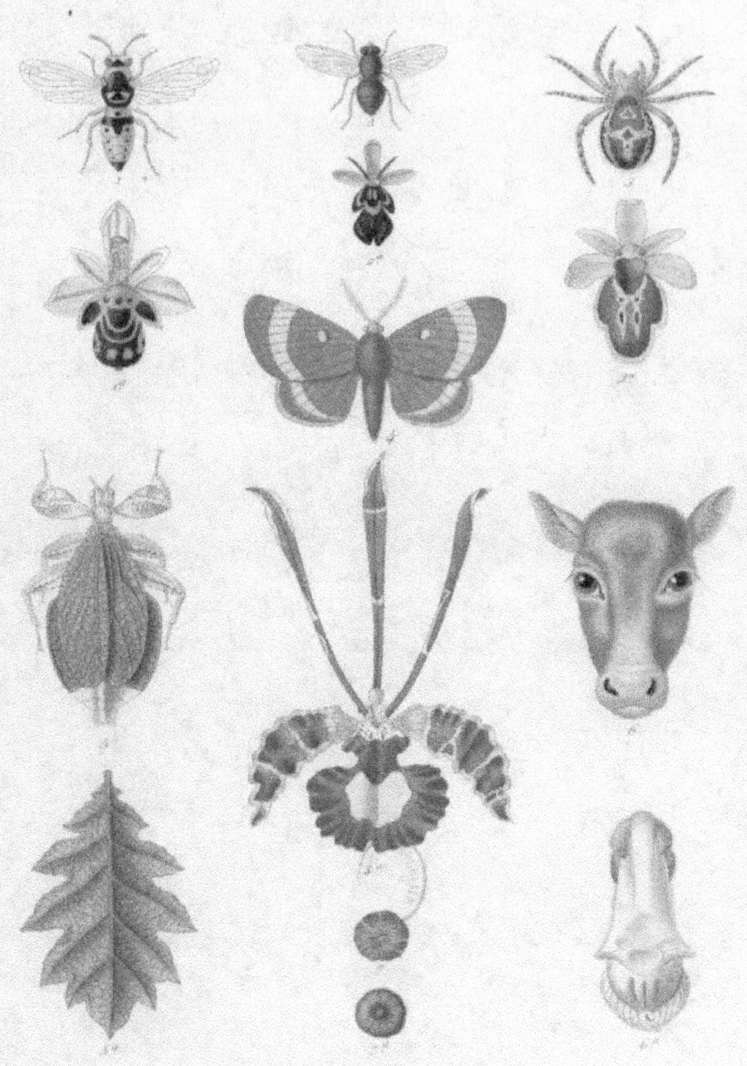

Anatomie de Testa

MÉTHODE DE LAURENT DE JUSSIEU.

1. — Famille des Algues : CYSTOSEIRA, très-réduit.
2. — Famille des Champignons : AMANITA MUSCARIA, $^1/_{10}$ de grandeur naturelle.
3. — Famille des Lichens : PHYSCIA LEUCOMELA, réduit au $^1/_4$.
4. — Famille des Mousses : POLYTRICUM NANUM.
5. — Famille des Fougères : BOTRYCHYUM LUNARIA, réduit de moitié.
6. — Famille des Aroidées : ARIOPSIS PELTATA, spadice $^1/_2$ de grandeur naturelle.
7. — Famille des Graminées : BRIZA MAXIMA, épillet, et une fleur très-grossie.
8. — Famille des Asparaginées : POLYGONATUM VULGARE.
9. — Famille des Broméliacées : OECHMEA FULGENS.
10. — Famille des Nymphéacées : NUPHAR LUTEA, fleur, et ovaire isolé, $^1/_2$ de grandeur naturelle.
11. — Famille des Hydrocharidées : HYDROCHARIS MORSUS-RANÆ, fleur femelle et fleur mâle dépouillées des enveloppes florales.
12. — Famille des Orchidées : PERISTERIA HUMBOLDTII var. FULVA; fleur réduite au $^1/_3$.
13. — Famille des Aristolochiées : ARISTOLOCHIA GIGAS; fleur réduite au $^1/_3$.
14. — Famille des Éléaguées : ELEAGNUS ARGENTEA, fleur entière et fleur ouverte.
15. — Famille des Protéacées : ISOPOGON SPHÆROCEPHALUS, fleur épanouie, et bouton accompagné d'une bractée.
16. — Famille des Plantaginées : PLANTAGO LANCEOLATA; épi de grandeur naturelle et fleur isolée très-grossie.
17. — Famille des Plombaginées : PLUMBAGO ROSEA; fleur entière un peu réduite et fleur ouverte.

(Voir page 285.)

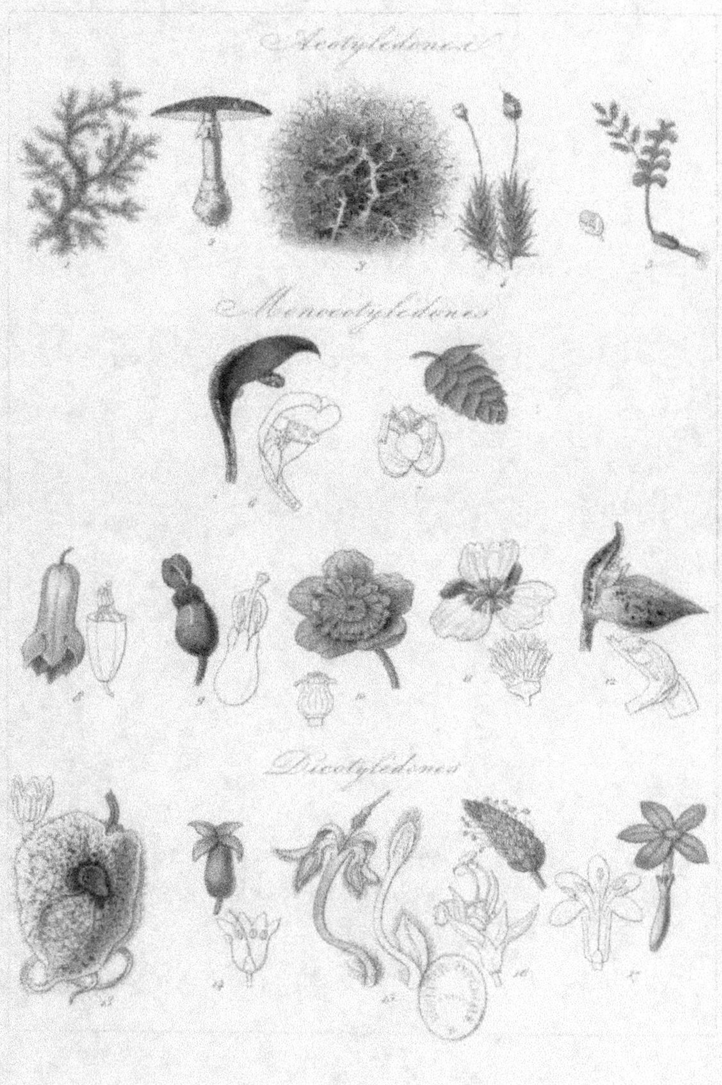

Méthode de L. de Jussieu

METHODE DE LAURENT DE JUSSIEU

(SUITE).

18. — Famille des Apocynées : VINCA ROSEA var. ALBA; fleur entière, et tube de la corolle ouvert.
19. — Famille des Acanthacées : APHELANDRA AURANTIACA ; fleur entière, le pistil accompagné du calice, et une étamine.
20. — Famille des Convolvulacées : IPOMOEA PULCHELLA ; fleur réduite de moitié, tube de la corolle fendu, et pistil.
21. — Famille des Éricinées : ERICA CERINTHOIDES; fleur grossie et fleur de grandeur naturelle, fendue.
22. — Famille des Lobéliacées : SIPHOCAMPYLUS LANTANIFOLIUS.
23. — Famille des Chicoracées : Capitule d'HYPOCREPIS, fleur hermaphrodite ligulée, et pistil isolé grossi.
24. — Famille des Carduacées : Capitule de CARDUUS NUTANS, et fleur isolée.
25. — Famille des Corymbifères : Capitule de BRACHYCOME IBERIDIFOLIA, fleur tubuleuse du centre, et fleur ligulée de la circonférence.
26. — Famille des Caprifoliacées : ABELIA FLORIBUNDA.
27. — Famille des Ombellifères : fleur entière, et pistil grossi.
28. — Famille des Droséracées : PARNASSIA PALUSTRIS; fleur entière, et organes sexuels avec les glandes nectarifères.
29. — Famille des Bégoniacées : BEGONIA INGRAMII.
30. — Famille des Cistinées : HELIANTHEMUM TUBERARIA; fleur réduite de moitié.
31. — Famille des Mélastomacées : MEDINILLA SPECIOSA.
32. — Famille des Papilionacées : GENISTA SPACHIANA.
33. — Famille des Cucurbitacées : BRYONIA DIOICA; fleur femelle entière, et coupe longitudinale des fleurs mâle et femelle.
34. — Famille des Urticées : CANNABIS SATIVA, fleur mâle et fleur femelle grossie.

(Voir page 285.)

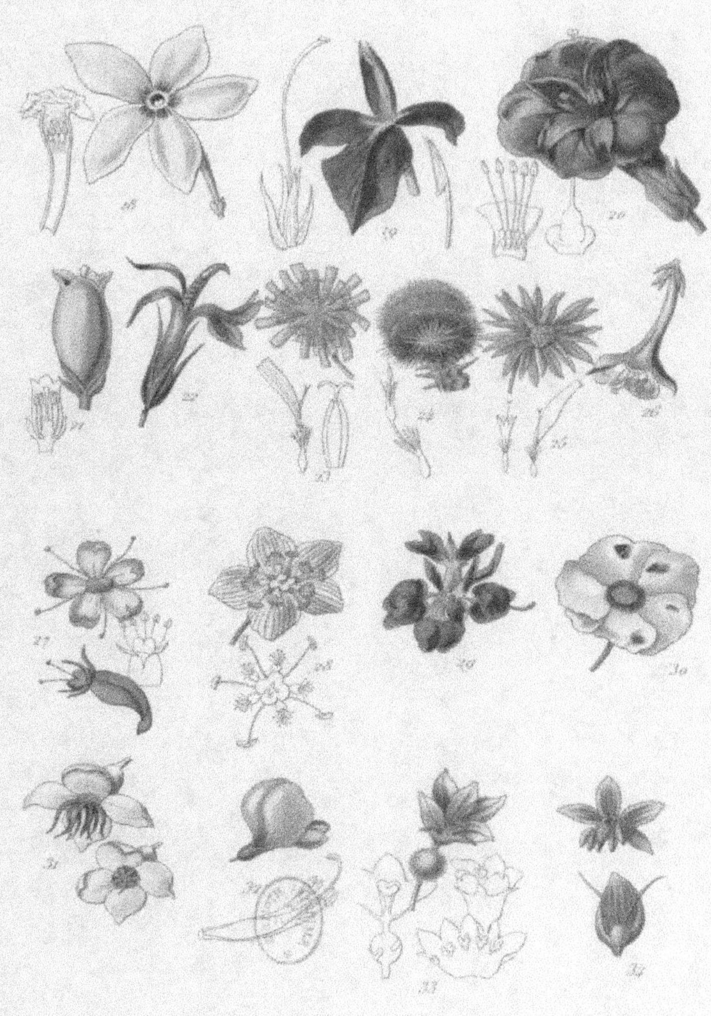

Méthode naturelle de J. de Jussieu.

MÉTHODE NATURELLE DE DE CANDOLLE.

THALAMIFLORES : coupe longitudinale d'une fleur de renoncule,
     pour montrer l'insertion des étamines sur le réceptacle ou
     tholus.

1. — Famille des Renonculacées : ANEMONE JAPONICA ; fleur
     réduite de moitié.
2. — Famille des Berbéridées : BERBERIS ILICIFOLIA.
3. — Famille des Malvacées : HIBISCUS ROSA-SINENSIS ; fleur
     réduite de moitié.

CALICIFLORES : coupe longitudinale d'une Papilionacée, montrant
     l'insertion des étamines sur le calice.

4. — Famille des Caryophyllées : DIANTHUS CARYOPHYLLUS ;
     fleur double.
5. — Famille des Campanulacées : CAMPANULA PYRAMIDALIS.
6. — Famille des Éricinées : THIBAUDIA PICHINCHENSIS.

COROLLIFLORES : coupe longitudinale d'une fleur de Primevère,
     indiquant l'insertion des étamines sur la corolle.

7. — Famille des Gentianées : LISIANTHUS ACUTANGULUS.
8. — Famille des Convolvulacées : PHARBITIS CATHARTICA.
9. — Famille des Antirrhinées : PENTSTEMON GORDONI.

MONOCHLAMIDÉES : silhouette d'une fleur d'Aristoloche, pour indi-
     quer que les fleurs de ce groupe n'ont qu'une seule enve-
     loppe.

10. — Famille des Éléagnées : ELEAGNUS ARGENTEA.
11. — Famille des Protéacées : ISOPOGON ATTENUATUM.
12 — Famille des Bégoniacées : BEGONIA FUCHSIOIDES.

(Voir page 291.)

Méthode naturelle de De Candolle

MÉTHODE NATURELLE DE DE CANDOLLE

(SUITE).

GERMINATION D'UNE MONOCOTYLÉDONÉE, montrant qu'il n'y a qu'un seul cotylédon.

13. — Famille des Alismacées : SAGITTARIA SAGITTIFOLIA (fleur mâle).

14. — Famille des Orchidées : CATTLEYA GRANULOSA.

15. — Famille des Drymyrrhizées : AMOMUM VITELLINUM.

ÉTAMINES ET PISTIL, pour montrer le nombre caractéristique trois, ou son multiple, dans les Monocotylédonées.

16. — Famille des Iridées : GLADIOLUS GANDAVENSIS.

17. — Famille des Amaryllidées : AMARYLLIS RETICULATA.

18. — Famille des Liliacées : ALOE PICTA.

CRYPTOGAMES, organes reproducteurs ; en suivant de haut en bas : spore, entourée de ses quatre fils, d'une Équisétacée ; capsule de Lycopodiacée ; sporange de fougère ; écaille d'une Mousse ; fragment de l'Hymenium d'agaric, portant deux podospores.

19. — Famille des Équisétacées : EQUISETUM TELMATEIA, épi fructifère.

20. — Famille des Lycopodiacées : épi fructifère du LYCOPODIUM CLAVATUM.

21. — Famille des Fougères : fronde de SCOLOPENDRIUM OFFICINALE.

22. — Famille des Mousses : POLTIA CAVIFOLIA.

23. — Famille des Champignons : AGARICUS.

24. — Famille des Algues.

(Voir page 291.)

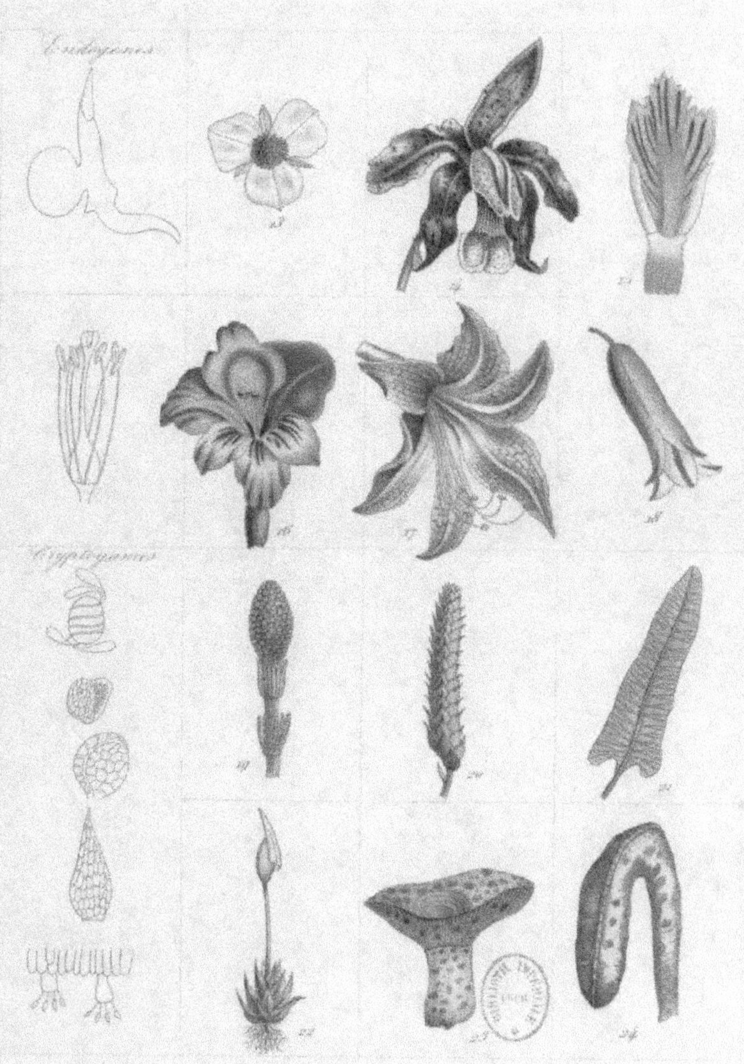

Méthode naturelle de De Candolle

MÉTHODE NATURELLE DE M. AD. BRONGNIART.

CRYPTOGAMES AMPHIGÈNES : filaments de Mucor avec spores.

1. — Famille des Algues : RHODOMENIA LACINIATA.

2. — Famille des Champignons : CLAVARIA CORALLOIDES.

3. — Famille des Lichens : BORRERA CILIARIS.

ACROGÈNES : fronde de fougères enroulée en crosse.

4. — Famille des Mousses : SCHISTOSTEGA OSMUNDACEA.

5. — Famille des Fougères : TOENITIS LINEARIS, réduit au $^1/_5$.

6. — Famille des Lycopodiacées : LYCOPODIUM SELAGO.

MONOCOTYLÉDONÈES PÉRISPERMÉES : grains de Seigle entier et coupé.

7. — Famille des Amaryllidées : ALSTROEMERIA VERSICOLOR.

8. — Famille des Broméliacées : TILLANDSIA BULBOSA var. PICTA.

MONOCOTYLÉDONÉES APÉRISPERMÉES: embryon très-grossi, non entouré de périsperme.

9. — Famille des Orchidées : LOELIA CINNABARINA; fleur réduite de moitié.

DICOTYLÉDONÉES ANGIOSPERMES: coupe longitudinale d'un ovaire, montrant la graine renfermée dans une enveloppe qui est l'ovaire ; au sommet de la graine est l'embryon.

10. — Famille des Lonicérées : WEIGELIA ROSEA.

11. — Famille des Renonculacées : AQUILEGIA LEPTOCERAS.

DICOTYLÉDONÉES GYMNOSPERMES : une écaille de conifère à la base de laquelle sont insérées des graines nues.

12. — Famille des conifères : CRYPTOMERIA JAPONICA; extrémité d'un rameau très-réduit.

(Voir page 342.)

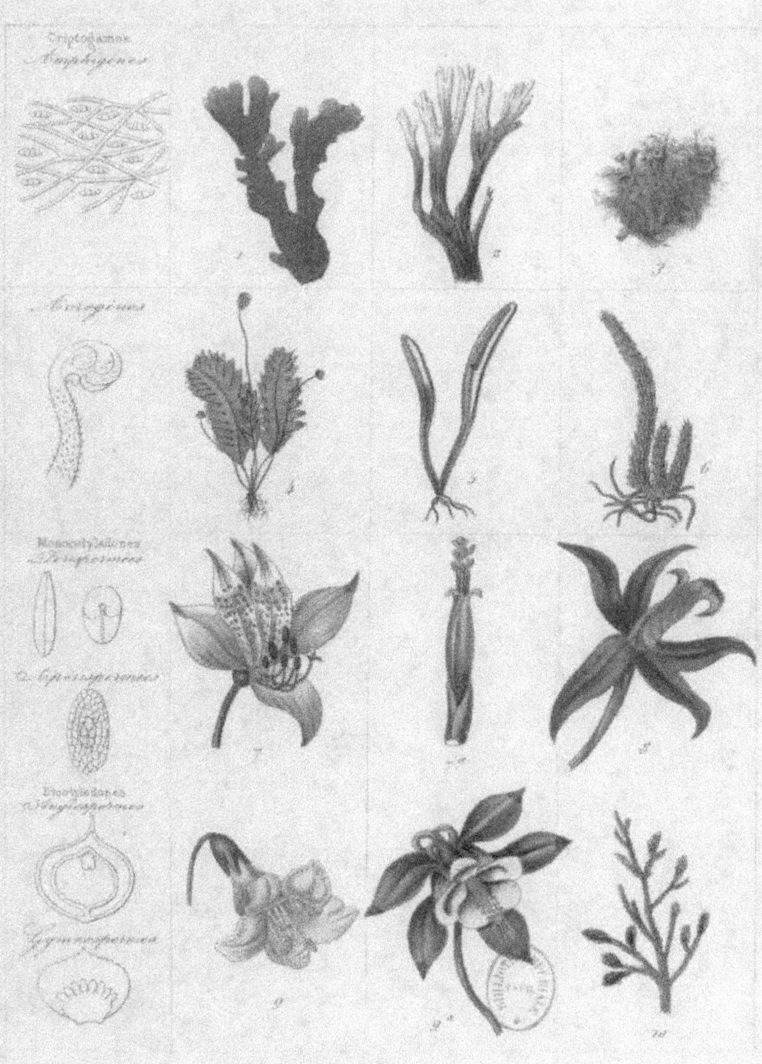

Méthode naturelle de M. Ad. Brongniart.

MÉTHODE NATURELLE D'ADRIEN DE JUSSIEU.

1. — Fragment très-grossi d'une fronde d'Algue.
2. — Famille des Algues : DELESSERIA SANGUINEA; un fragment de fronde, réduit au $^1/_5$.
3. — Famille des Champignons : chanterelle, CANTHARELLUS CIBARIUS, réduit de moitié.
4. — Famille des Lichens : PARMELIA TILIACEA.
5. — Famille des Mousses : ENCALYPTA VULGARIS; plante entière; capsules grossies avec leur coiffe; orifice de la capsule, ou péristome très-grossi.
6. — Famille des Lycopodiacées : SELAGINELLA DENTICULATA, réduit de moitié.
7. — Famille des Isoétées : ISOETES LACUSTRIS, réduit de moitié.
8. — Famille des Fougères : TOENITIS LINEARIS, réduit au $^1/_3$.
9. — Famille des Potamées : POTAMOGETON PECTINATUM; Inflorescence et fleur grossie; 9 *a*, graine grossie coupée longitudinalement, montrant l'embryon.
10. — Famille des Aroïdées : PHILODENDRUM ERUBESCENS; spadice entier réduit au $^1/_3$ de grandeur naturelle; 10 *a*, axe de l'inflorescence chargé de fleurs; 10 *b*, graine grossie coupée longitudinalement, pour montrer l'embryon au sommet de l'albumen.
11. — Famille des Graminées : AVENA SATIVA; Épillet; 11 *a*, graine grossie coupée transversalement pour montrer l'embryon situé en dehors de l'albumen.
12. — Famille des Iridées : HYDROTOENIA MELEAGRIS; grandeur naturelle.
13. — Famille des Orchidées : ONCIDIUM MACULATUM, réduite de $^1/_2$.

(Voir page 319.)

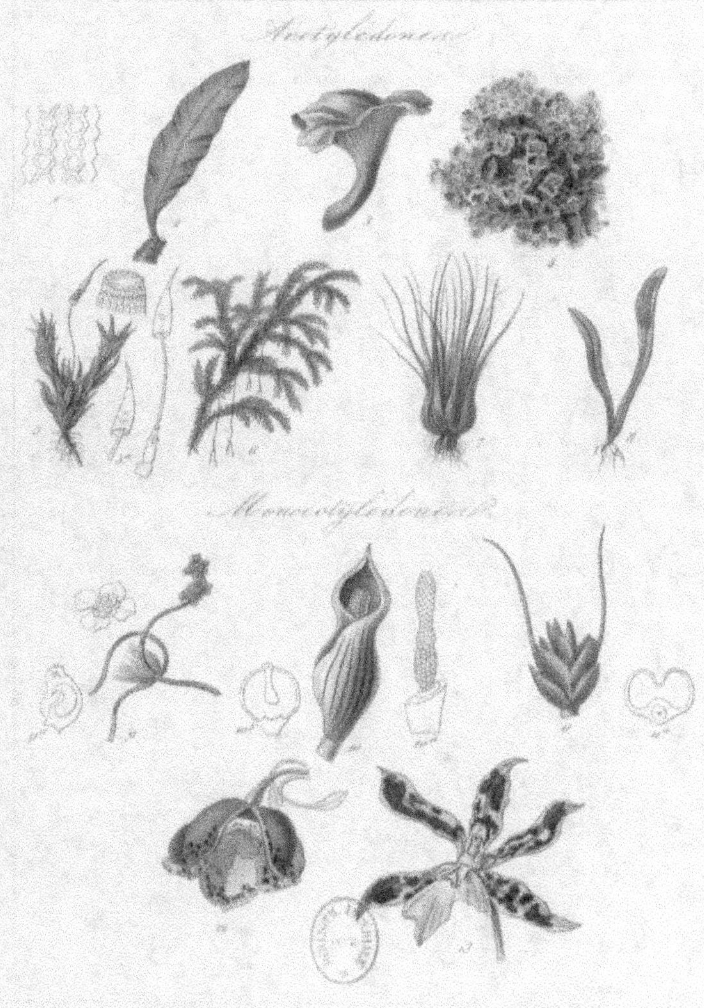

Méthode naturelle de M. Ad. de Jussieu

MÉTHODE D'ADRIEN DE JUSSIEU

(SUITE).

1. — Famille des Conifères : PINUS SYLVESTRIS, écailles mâle et femelle grossies.
2. — Famille des Cupulifères : CORYLUS AVELLANA, écaille grossie portant les fleurs mâles ; fleur femelle.
3. — Famille des Aristolochiées : ARISTOLOCHIA TRILOBA.
4. — Famille des Crassulacées : SEDUM ACRE, fleur grossie et fleur dépouillée du calice de la corolle pour montrer les étamines et les pistils.
5. — Famille des Caryophyllées : LYCHNIS FLOS CUCULI, fleur entière et fleur dépouillée des enveloppes florales pour montrer le pistil et l'insertion des étamines.
6. — Famille des Violariées : VIOLA SYLVESTRIS, fleur entière, coupe transversale de l'ovaire, étamines et pistil.
7. — Famille des Cistinées : HELIANTHEMUM VULGARE, fleur entière, coupe longitudinale du fruit, étamine.
8. — Famille des Rutacées : DIPLOLŒNA DAMPIERI, fleur et coupe longitudinale de l'ovaire.
9. — Famille des Rosacées : ERIOBOTRYA JAPONICA, fleur et coupe longitudinale de l'ovaire.
10. — Famille des Saxifragées : ESCALLONIA RUBRA, fleur et coupe longitudinale de l'ovaire.
11. — Famille des Ombellifères : ORLAYA, fleur grossie, fleur vue de face, et coupe transversale de l'ovaire.
12. — Famille des Éricinées : MACLEANIA ANGULATA, fleur et pistil.
13. — Famille des Acanthacées : corolle subbilabiée ; deux étamines.
14. — Famille des Solanées : JUANULLOA PARASITICA, fleur, fragment de la corolle coupée longitudinalement.
15. — Famille des Rubiacées : PENTAS CARNEA, fleur et fragment de la corolle coupée longitudinalement.
16. — Famille des Campanulacées : PLATYCODON AUTUMNALE.
17. — Famille des Composées (*Radiées*) : RUDBECKIA DRUMMONDII.

(Voir page 319.)

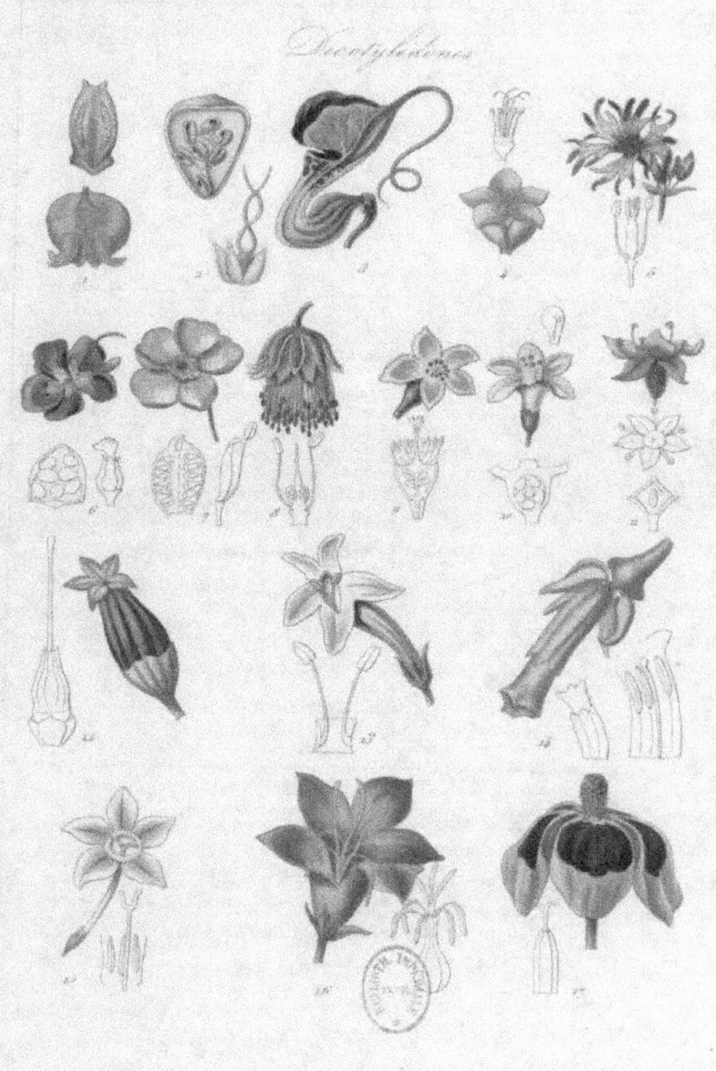

Méthode de M. Ad. de Jussieu

CLASSIFICATION DE M. LEMAOUT

FRAGMENT DE LA RÉGION DE L'HYPOCOROLLIE.

Acanthacées : diagramme indiquant la préfloraison de la corolle, et la
    direction de la graine ; au-dessus de cette figure une fleur,
    vue à vol d'oiseau, indiquant la corrélation des étamines
    avec les divisions de la corolle ; au-dessous, coupe transver-
    sale de l'ovaire.

Orobanchées : diagramme de la corolle et coupe transversale de la
    graine ; à gauche, fleur vue à vol d'oiseau ; à droite, coupe
    transversale de l'ovaire.

Scrofulariées : explication comme ci-dessus.

Solanées :   idem.

Convolvulacées : diagramme de la corolle et coupe longitudinale de la
    graine ; au-dessus coupe transversale de l'ovaire ; au-dessous
    fleur vue à vol d'oiseau.

Borraginées : diagramme de la corolle et coupe longitudinale de la
    graine ; à droite, fleur vue à vol d'oiseau ; à gauche, coupe
    transversale de l'ovaire.

Labiées : explication comme ci-dessus.

Verbénacées :   idem.

(Voir page 324.)

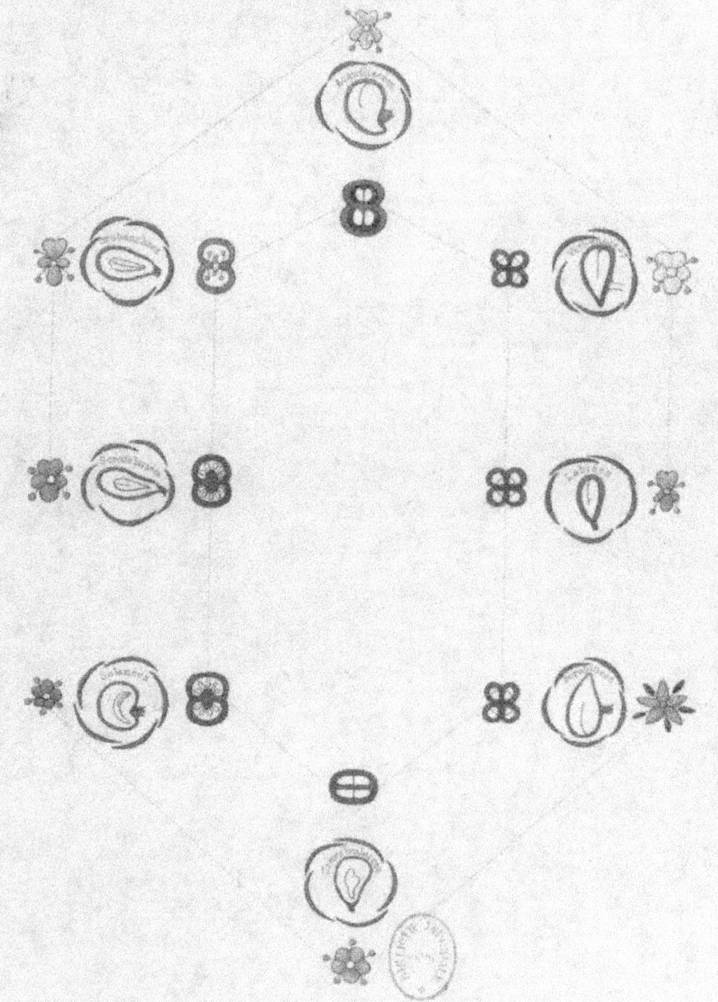

Classification
Fragment de la Région de l'Hypocorollie

Prof. Gérard del.   Paris Impr. Laurent, r. St. Jacques, 71.   Jabelin sculp.

TABLE

DES PLANCHES ET DES FIGURES DE L'ATLAS DEUXIÈME

DU TRAITÉ DE BOTANIQUE GÉNÉRALE